運輸機、偵察機 加油機、預警機 電子戰機

Military aircraft

保羅・艾登（Paul E.Eden） 著　西風 譯

國家圖書館出版品預行編目 (CIP) 資料

運輸機、偵察機、加油機、預警機、電子戰機 / 保羅 . 艾登 (Paul E.Eden) 著 ; 西風譯 . -- 第一版 . -- 新北市 : 風格司藝術創作坊 , 2021.03
面 ; 公分 . -- (全球防務 ; 12)
譯自 : Military aircraft
ISBN 978-957-8697-94-2(平裝)

1. 戰鬥機

598.61 110002089

全球防務 012

運輸機、偵察機、加油機、預警機、電子戰機

Military aircraft

作　　者：保羅・艾登（Paul E.Eden）
譯　　者：西　風
責任編輯：苗　龍
發 行 人：謝俊龍
出　　版：風格司藝術創作坊
地　　址：235 新北市中和區連勝街 28 號 1 樓
Tel：（02）8245-8890
總 經 銷：紅螞蟻圖書有限公司
Tel:（02）2795-3656　Fax:（02）2795-4100
地　　址：台北市內湖區舊宗路二段 121 巷 19 號
http://www.e-redant.com
版　　次：2021 年 4 月初版　第一版第一刷
訂　　價：480 元

ISBN　978-957-8697-94-2　　Printed inTaiwan

目錄
CONTENTS

運輸機 / Transport Aircraft

目錄

CONTENTS

目錄

CONTENTS

加油機/Tanker Aircraft

预警機/Electronic Warfare Aircraft

電子戰機/Electronic Warfare Aircraft

運輸機
Transport Aircraft

阿萊尼亞公司G.222/C-27

Alenia G.222 /C-27

1963年，為滿足北約的要求，意大利的阿萊尼亞飛機製造公司研發了G.222。該機為一種中型短場起降軍用運輸機，採用了運輸機種中的常用構型：高單翼，雙渦輪旋槳發動機，尾部跳板。其裝貨甲板的尺寸為標準的463升貨盤；機艙底板設有一個供空投使用的門；設有供醫療作業用的內置的輸氧系統；並在側門有為傘兵跳傘而設的平臺。

1970年7月原型機首次試飛，1976年開始交付部隊使用。但最初只有意大利採用了此機。後來，美國也採購了少量G.222，命名為C-27。

↑阿根廷軍隊的G. 222運輸機。

↓圖為G. 222運輸機。

↑美軍的C-27A。

G.222/C-27A技術說明

主要尺寸	重量
翼展：94英尺2英寸（28.7米）	空重：26320磅（11940千克）
機翼面積：893英尺^2（82米^2）	最大起飛重量：70107磅（31800千克）
長度：74英尺6英寸（22.7米）	性能
高度：32英尺2英寸（9.8米）	最高速度：336英里/小時（540千米/小時）
輪距：17英尺9.5英寸（5.42米）	最大油量時的航程：2910英里（4685千米）
軸距：35英尺6英寸（10.82米）	
動力裝置	
2台渦輪螺旋槳引擎，每台功率3400馬力（2535千瓦）	

16

安東諾夫設計局，安-12型「幼狐」

Antonov An-12 Cub

廣為人知的安-12（北約代號「幼狐」）是前蘇聯安東諾夫設計局研製的一種軍用運輸機，該運輸機最早於1958年末進入蘇軍服役。迄今為止，該機型衍生型號逾40種。至20世紀70年代末，安-12一直是蘇軍的主力運輸機，執行種類繁多的各項任務。但由於安-12超長的服役期，後來它只能運輸俄軍軍火庫中五分之一的武器和裝備，尤其難於運輸戰略火箭兵部隊的武器裝備及其他一些超常規體積的貨物。

安-12曾是蘇聯運輸航空兵的主力，但從1974年起逐漸被伊爾-76取代。安-12除供蘇聯本國軍用和民用外，還向波蘭、印度、埃及、敘利亞和伊拉克等十多個國家出口100多架，其中大部分供軍用，少量民用。

↓圖為2000年位於克裏米亞半島薩基的一架安-12PS型運輸機，其機身上塗有與眾不同的北極熊標誌。安-12PS型運輸機是以安-12B基本型為基礎改進而成的，據認為是從1969年開始進行改進及投入生產的。根據官方資料，安-12PS型運輸機是一個搜索與救援平臺。據傳聞，這種飛機能夠運載與部署由3名人員操縱的03473型搜救艇。安-12PS型運輸機的部署行動暗示出，此種飛機還能夠執行重要的電子情報任務，因為它曾頻繁地對北約海軍部隊進行跟蹤或對北約的軍事演習進行監視。

↑圖為1992年一架在斯佩來恩伯格的安-12B型運輸機。安-12B型運輸機於1963年取代了塔什幹與沃羅涅什地區生產的安-12A型運輸機。安-12B型左側起落架整流罩內安裝有TG-16型輔助動力裝置，並且有一個非常明顯的排氣口，這種系統為飛機在海拔3281英尺（1000米）的機場提供自起動能力。

↓俄軍空運部隊中半數的安-12採用了全灰塗裝。這架「紅08」號安-12B採用了獨特的俄羅斯國旗徽標取代了原來的紅五星標記。

↓「藍28」號安-12BP，隸屬俄羅斯第11航空集團軍第257獨立混成航空團，停放於哈巴羅夫斯克。

↓「紅21」號安-12BK，隸屬太平洋艦隊第169獨立混成航空團，停放于彼得羅巴甫爾洛斯克-堪察加斯基（Petropavlovsk-Kamchatskiy）/葉利佐沃（Yelizovo），插圖和數據採用2007年時的資料。

↓「紅09」號安-12BK，隸屬第11航空集團軍第257獨立混成航空團，停放於哈巴羅夫斯克，插圖和數據採用2000年的資料。

↓「紅15」號安-12BK，隸屬第6航空集團軍第138獨立混成航空團，停放於聖彼得堡列瓦紹沃空軍基地。

↓駐紮在伊爾庫茨克遠程航空力量第181獨立航空中隊的安-12BP「黃17」。

↓這架編號「紅18」的安-12BK隸屬於戰略轟炸部隊，駐紮在季克西，機頭處有長毛象的塗裝。

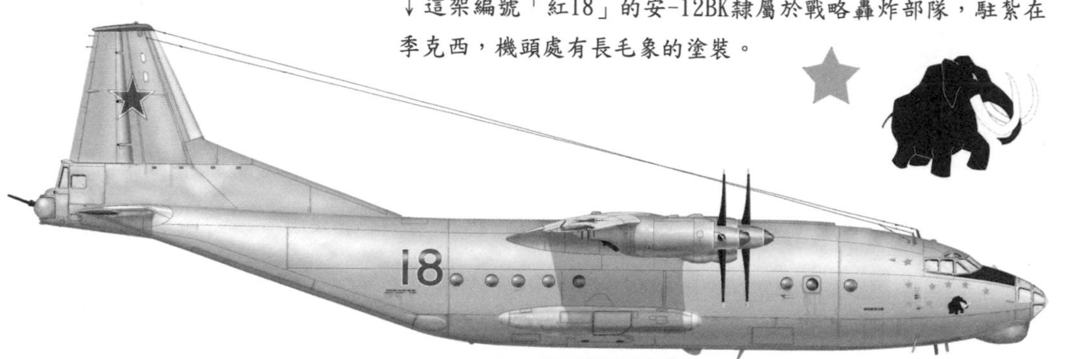

↓這架停在庫賓卡空軍基地的編號為RA-11653的飛機是少數幾架准民用型安-12B「幼狐」飛機之一，機身後部安裝了一台額外的渦輪發電機以滿足一些特殊任務的需要。

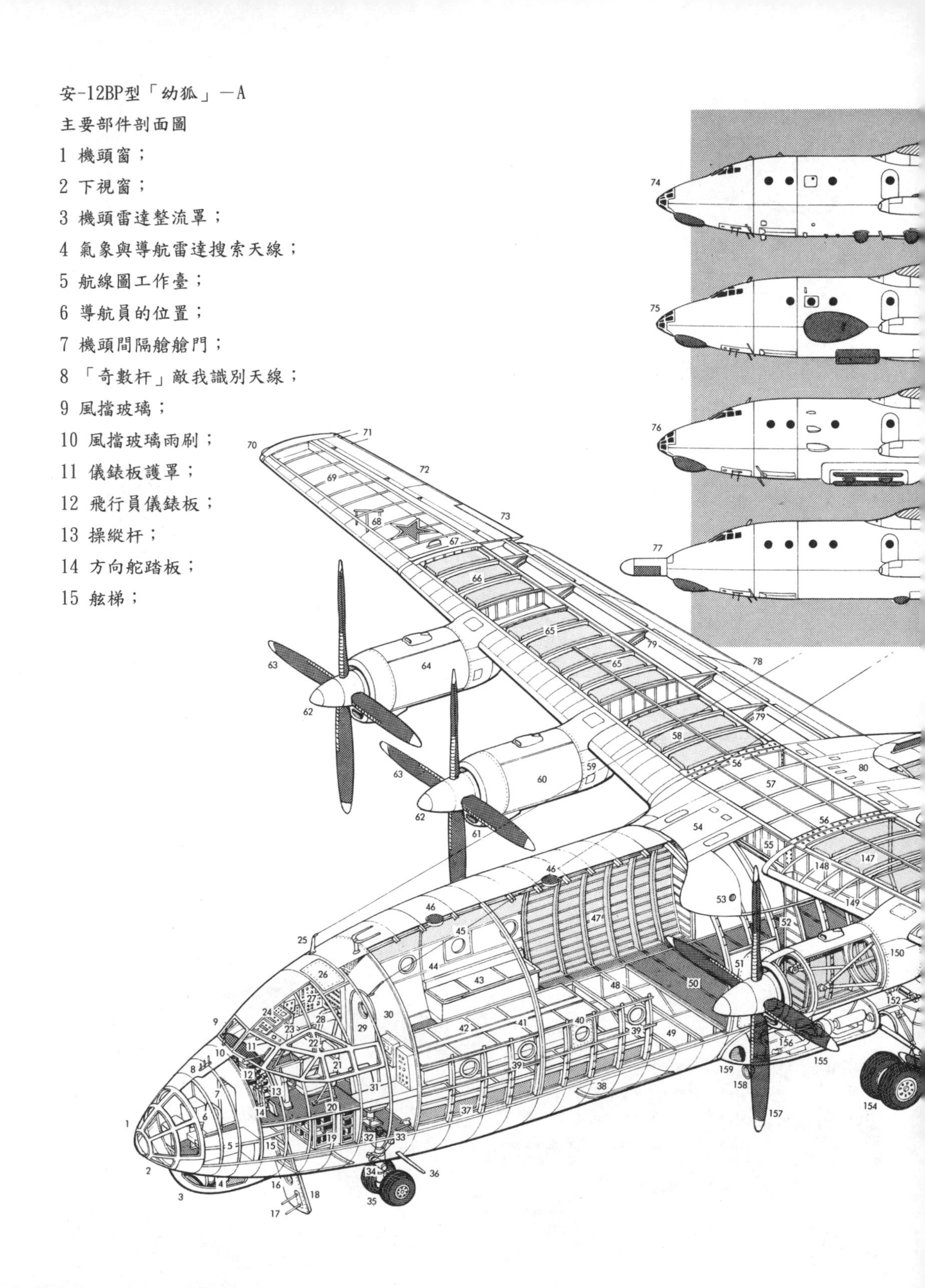

安-12BP型「幼狐」—A

主要部件剖面圖

1 機頭窗；

2 下視窗；

3 機頭雷達整流罩；

4 氣象與導航雷達搜索天線；

5 航線圖工作臺；

6 導航員的位置；

7 機頭間隔艙艙門；

8 「奇數杆」敵我識別天線；

9 風擋玻璃；

10 風擋玻璃雨刷；

11 儀錶板護罩；

12 飛行員儀錶板；

13 操縱杆；

14 方向舵踏板；

15 舷梯；

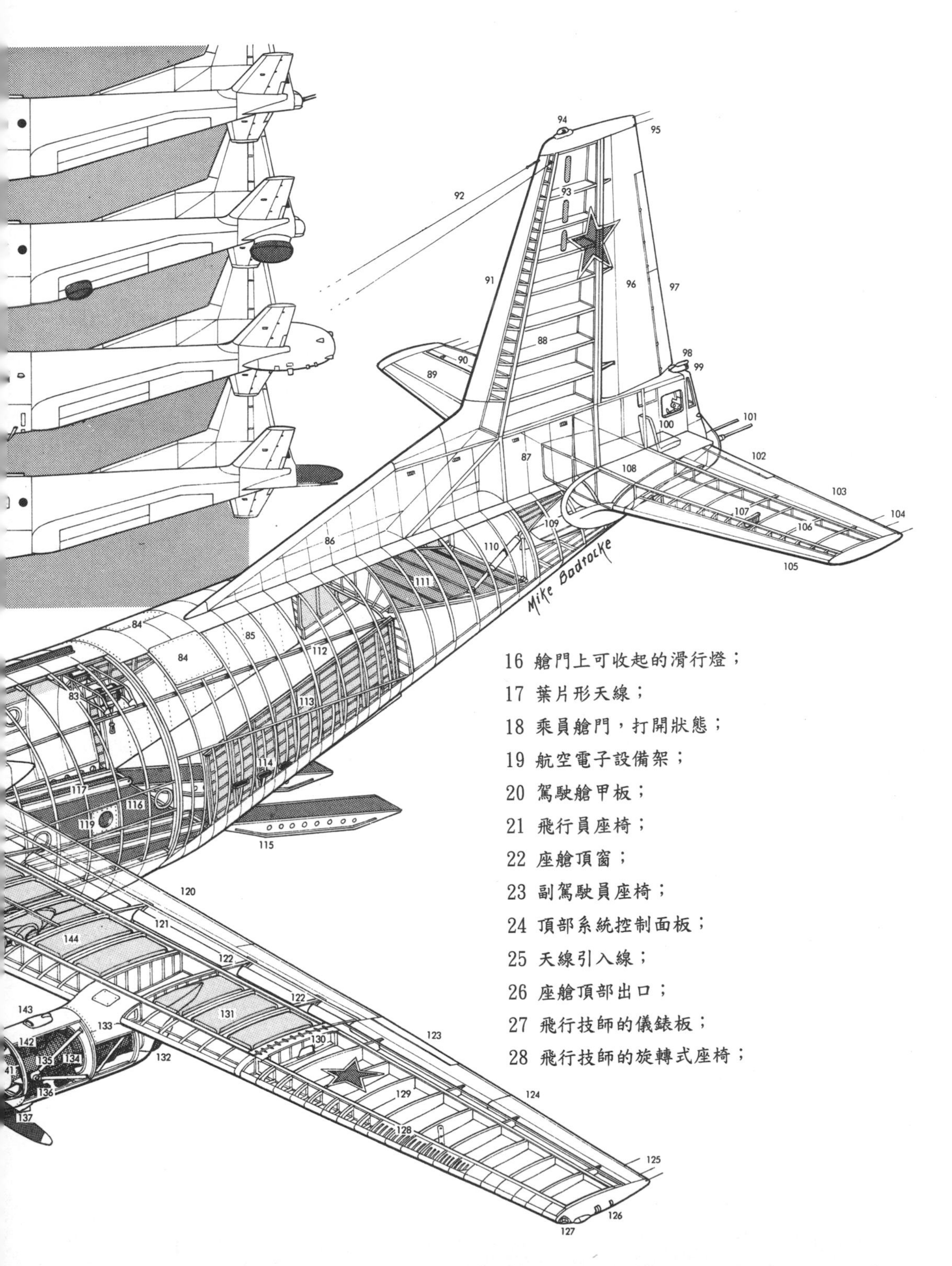

16 艙門上可收起的滑行燈；

17 葉片形天線；

18 乘員艙門，打開狀態；

19 航空電子設備架；

20 駕駛艙甲板；

21 飛行員座椅；

22 座艙頂窗；

23 副駕駛員座椅；

24 頂部系統控制面板；

25 天線引入線；

26 座艙頂部出口；

27 飛行技師的儀錶板；

28 飛行技師的旋轉式座椅；

29 駕駛艙艙門；

30 座艙密封艙壁；

31 無線電操作員的位置；

32 機頭著陸裝置固定軸；

33 空速管；

34 前輪液壓控制單元；

35 雙前輪，向後收起；

36 葉形天線；

37 貨艙甲板；

38 機腹艙口；

39 貨艙舷窗；

40 左側緊急出口舷窗；

41 傘兵座椅，最大可容納100人；

42 中間「背靠背式」座椅，可移動；

43 機艙內壁可移動士兵座椅；

44 機艙內壁絕緣配平鑲板；

45 右側緊急出口舷窗；

46 測向環形天線；

47 機身結構與縱梁骨架；

48 貨艙甲板橫樑；

49 甲板下散裝隔艙；

50 主貨艙；

51 乘員/乘客艙門；

52 機翼翼梁/機身附加主結構；

53 引擎照明燈；

54 機翼根部整流罩；

55 中部前段翼梁；

56 機翼根部接合處；

57 中部翼肋；

58 內側袋形油箱（3個），總容量為3058英制加侖（13901升）；利用過載油箱可達到3981英制加侖（18100升）；

59 右部內側飛機引擎艙；

60 飛機引擎罩；

61 腹部燃油冷卻進氣口；

62 螺旋槳推進器的螺槳轂蓋；

63 AV-68型四槳葉可調螺旋槳；

64 右部外側飛機引擎艙；

65 中部袋形油箱（5個）；

66 外側袋形油箱（3個）；

67 外側機翼接合處翼肋；

68 機腹導航天線；

69 外側機翼面；

70 右側航行燈；

71 靜電放電器；

72 右側雙段式副翼；

73 副翼配重；

74 「幼狐」—B電子情報型；

75 海上監視雷達型；

76 「幼狐」—C電子對抗型；

77 裝有電磁異常探測設備（MAD）的反潛型飛機；

78 右側雙縫襟翼，放下位置；

79 襟翼導軌；

80 機翼根部後緣；

81 測向儀天線，左右各一；

82 右側舷窗緊急出口；

83 頂部貨物起重機；

84 後部機艙頂部逃逸艙蓋；

85 右側艙門，打開狀態；

86 垂直尾翼根部；

87 垂直尾翼支撐結構；

88 雙翼梁扭矩盒垂直尾翼骨架；

89 右側水平尾翼；

90 右側升降舵；

91 垂直尾翼前緣；

92 高頻天線；

93 地面控制通信天線；

94 防撞燈；

95 靜電放電器；

96 方向舵；

97 方向舵配重；

98 尾部航行燈；

99 尾部告警雷達天線；

100 後部炮手位置；

101 炮塔，2挺23毫米NR-23型航炮；

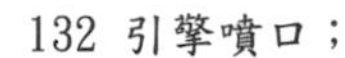

102 升降舵配重；
103 左側升降舵；
104 靜電放電器；
105 平尾前緣；
106 雙翼梁扭矩盒水平尾翼骨架；
107 機腹雷達高度計天線；
108 水平尾翼中間段；
109 機腹尾部炮手艙門/逃生出口；
110 傾斜艙門液壓千斤頂；
111 後部傾斜艙門（升起的位置）；
112 貨物起重機滑軌；
113 左側貨艙傾斜艙門（處於打開位置）；
114 嵌入式通信天線；
115 可拆卸的車輛裝卸斜板；
116 後部載貨甲板；
117 車輛裝載導軌；
118 機翼根部後緣；
119 左側舷窗緊急出口；
120 左側雙縫襟翼；
121 襟翼翼片；
122 襟翼導軌；
123 副翼配重；
124 左側雙段式副翼；
125 靜電放電器；
126 前緣通氣口；
127 左側航行燈；
128 前緣內表面通氣管；
129 左側機翼外側；
130 外側機翼接合翼肋；
131 左側外側油箱；
132 引擎噴口；
133 左外側飛機引擎艙；
134 改進型（伊夫琴科）AI-20K型渦輪螺旋槳引擎4000有效馬力（2982有效千瓦）；
135 引擎支杆；
136 附加設備變速箱；
137 機腹燃油冷卻裝置；
138 螺旋槳推進器轂蓋轉換機械；
139 螺旋槳推進器根部電動裝置；
140 飛機引擎罩進氣口；
141 壓縮機進氣口；
142 引擎驅動器；
143 驅動器冷卻氣導管；
144 左側機翼中部油箱；
145 機載輔助動力裝置（輔助動力裝置）；
146 主引擎固定的翼肋；
147 左內側油箱；
148 前部翼梁；
149 分離式前緣面板（引擎控制系統蓋）；
150 左側內側飛機引擎艙；
151 主著陸架固定軸；
152 液壓回收千斤頂；
153 主起落架艙門；
154 4輪主著陸裝置；
155 主著陸裝置突出整流罩；
156 空調設備；
157 左側AV-68型螺旋槳推進器；
158 可收起的著陸燈，左右各一；
159 空調系統冷卻氣衝壓進氣口。

←俄羅斯北方艦隊人員所佩戴的臂章。

←太平洋艦隊的臂章。

↓「紅52」號安-12BK（實際上是一架拆除了任務裝備的安-12BK-PPS型電子對抗飛機）。

↓「紅38」號安-12BK-PPS，注意該機機身上的大號俄羅斯國旗徽標。

↓隸屬于俄羅斯北方艦隊第三謝韋羅莫爾斯海軍航空兵基地的「黃16」 號安-12PS。

↓同樣隸屬於北方艦隊的飛機，後來轉移至其他艦隊（北極熊的圖案也被移除）。

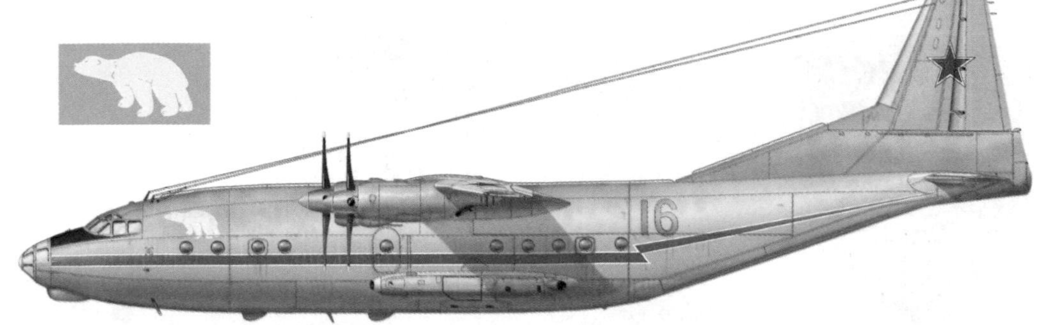

↑「黃16」 號安-12PS海上搜救機。

↓一架不同主題塗裝的安-12PS搜救機。

↓「黃07」號安-12BK-IS隸屬於俄羅斯第8特種航空師，這架飛機被改裝為執行「空域清除」任務。

↓安-12BP RA-11654配備於俄羅斯庫賓卡空軍基地的第13國家研究中心，作為空中事故調查實驗室使用。

↓安-12BK RA-12137，隸屬於第8特種航空師/第223航空分隊，停駐在奇卡洛夫斯卡婭空軍基地。

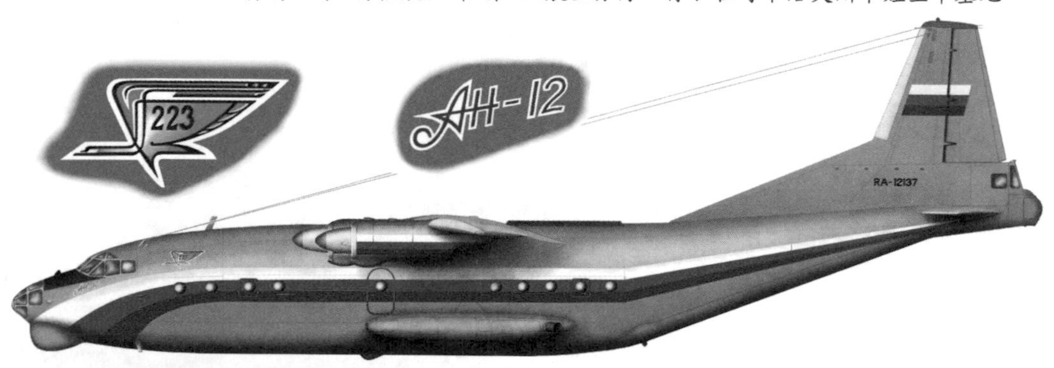

↓一架隸屬於戰略火箭兵部隊運輸隊的安-12BP。

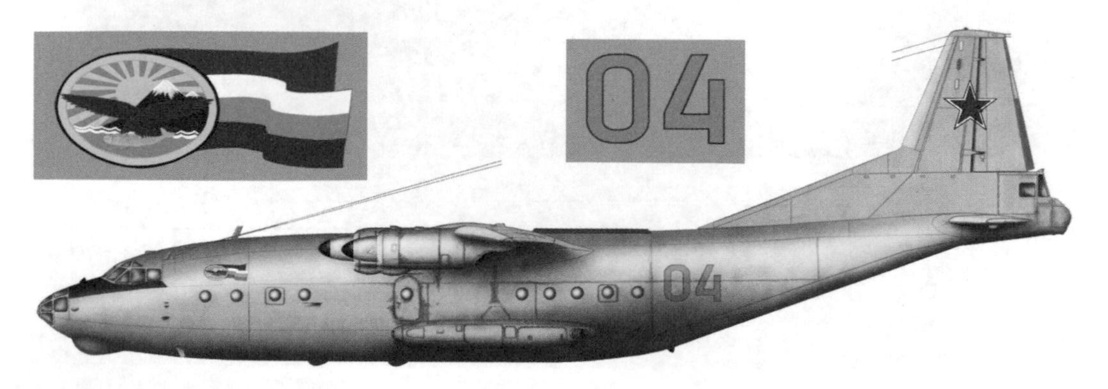

↑在俄羅斯的阿赫圖賓斯克的測試中心場內擁有各種型號的飛機，圖中這架是安-12BK-PPS「幼狐-C」電子對抗機型。

安-12BP「幼狐」—A技術說明

主要尺寸

翼展：124英尺8英寸（38米）

機翼面積：1310.01英尺^2（121.7米^2）

長度：108英尺7.25英寸（33.10米）

高度：34英尺6.5英寸（10.53米）

機翼展弦比：11.85

平尾翼展：40英尺0.25英寸（12.20米）

輪距：17英尺9.5英寸（5.42米）

軸距：35英尺6英寸（10.82米）

動力裝置

4台改進型（伊夫琴科）AI-20K型渦輪螺旋槳引擎，每台功率為4000馬力（2983千瓦）

重量

空重：61726磅（2600千克）

正常起飛重量：121473磅（55100千克）

最大起飛重量：134480磅（61000千克）

燃油與載荷

機內燃油：4781美制加侖（18100升）

最大有效載荷：44092磅（20000千克）

性能

適合高度且無外掛最大水平速度：482英里/小時（777千米/小時）

適合高度最大巡航速度：416英里/小時（670千米/小時）

海平面最大爬升率：每分鐘1969英尺（600米）

實用升限：33465英尺（10200米）

最大起飛重量的起飛距離：2297英尺（700米）

最大著陸重量的著陸距離：1640英尺（500米）

最大油量時的航程：3542英里（5700千米）

最大有效載荷時的航程：2237英里（3600千米）

安東諾夫設計局，安-22型「安泰」

Antonov An-22

為了解決安-12運輸能力不足的問題，安東諾夫設計局設計出了安-22「安泰」重型運輸機。1967年底，安-22正式交付蘇軍空運部隊，直到20世紀90年代，蘇軍依舊在大量裝備安-22。該機型安裝四台15000馬力的庫茲涅佐夫NK-12MA渦槳發動機，每台發動機驅動一對直徑6米（20英尺）的共軸對轉螺旋槳。機型正常起飛重量205噸，最大起飛重量225噸，最大起飛載重60噸，正常負重下航程5250千米。

安-22是世界上第一種寬體飛機，在其剛面世時，還是當時世界上最大的飛機。該機採用雙垂尾佈局，並採用了懸置式起落架和一扇4.4米×16米的尾艙門。裝卸滑坡可以被固定在一定範圍內的任意角度，這使得裝貨作業時貨物可以從地面、裝卸平臺、平板卡車等直接運進飛機貨倉。安-22的貨艙空間寬闊，可以裝下290名士兵或一輛坦克（注：這裏應該是指T-62），或是四輛空降兵的BMD空降戰車或陸軍的BMP步兵戰車。蘇軍戰術航空部隊幾乎所有型號的飛機和直升機（尤其是部分拆解的）都可以通過安-22空運。在安-22的介紹中也宣稱其可以運輸當時蘇軍幾乎所有種類的裝備。戰略火箭軍九成的彈種都可以藉由安-22運輸，而其他軍

↓第76獨立空運中隊的軍官在特維爾米加洛夫空軍基地列隊與這架塗裝獨一無二的RA-09309號安-22留影。

種的幾乎所有裝備都可以通過安-22運輸。此外，安-22還可以空投150名全副武裝的士兵或是四個固定有裝備的空投貨盤。不得不提的是，使用安-22執行任務是相當經濟的，在滿載的情況下 ，其油耗量約為220～225克/噸（貨物）・千米。從這個角度來說，安-22優於舊式的安-12（236克/噸・千米），甚至也優於新型的伊爾-76運輸機（300～360克/噸・千米）。只有安-124（163克/噸・千米）的燃油使用效率高於安-22。安-22機輪的胎壓在飛行過程中可由飛行工程師調節。得益于這種輪胎的應用，安-22可以在壓實的土地、雪地以及覆冰跑道上起降。安-22這種運輸機一面世就創下了41項世界紀錄。

安-22最大的缺陷是設計壽命過短，尤其是全壽命起降次數過少，正是由於這個原因，大部分安-22在20世紀90年代中期從空運部隊退役了，儘管當時還沒有到其30年的機身設計壽命。有一部分安-22經過延壽維護後壽命達到30年。但是對其進行進一步延壽升級並不現實。所以現在仍未退役的少量安-22也極少執行飛行任務，而其餘大部分的安-22都停放在米加諾沃空軍基地的空運部隊後備基地中。

↓RA-09309號安-22從米加洛夫空軍基地起飛，注意安裝在主引擎支架上的箔條/熱焰彈投射器。

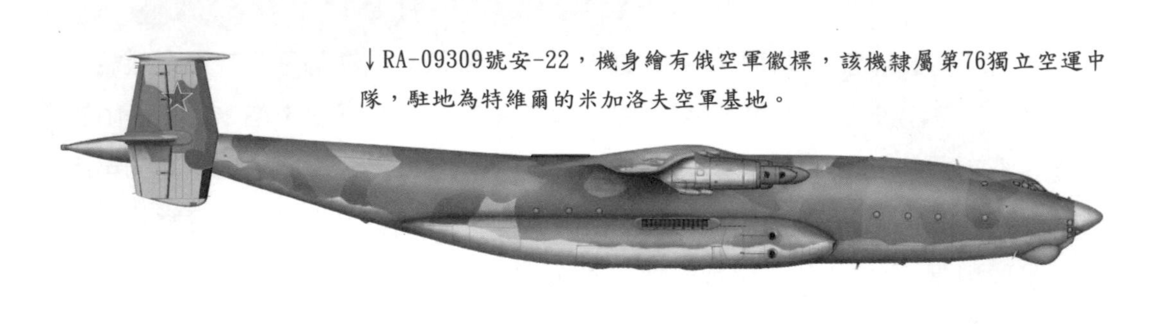
↓RA-09309號安-22，機身繪有俄空軍徽標，該機隸屬第76獨立空運中隊，駐地為特維爾的米加洛夫空軍基地。

↓同一架飛機，迷彩塗裝部分褪色的樣子，機身上噴塗了民用註冊號。

↓塗裝一新的RA-09328號安-22A，這種塗裝被俄軍大多數安-22所採用。

↑RA-09309在米加洛夫空軍基地作起飛準備時拍下的一張絕佳照片。

安-22「安泰」技術說明

主要尺寸

翼展：211英尺3英寸（64.4米）

機翼面積：3713.6英尺^2（345米^2）

長度：190英尺0.26英寸（57.92米）

高度：41英尺10.9英寸（12.53米）

動力裝置

4台庫茲涅佐夫HK-12MA型渦輪螺旋槳引擎，每台功率為15000馬力

重量

空重：251327磅（114000千克）

最大起飛重量：551156磅（250000千克）

最大有效載荷：176370磅（80000千克）

性能

最大水平速度：460英里/小時（740千米/小時）

適合高度最大巡航速度：426英里/小時（685千米/小時）

最大有效載荷時的航程：3542英里（5000千米）

JHELUM

安東諾夫設計局，安-24/26/30/32

Antonov An-24/26/30/32

前蘇聯安東諾夫設計局研製的安－24系列飛機是雙發渦輪螺槳支線客機，用來代替前蘇聯國內航線上的伊爾-12、伊爾-14和立－2等客機。1958年設計，1959年12月第一架原型機首次試飛，1960年開始批量生產。隨後安東諾夫設計局在安－24基礎上進行不斷改進，先後研製出安－26、安－30、安－32運輸機等改進機型。

↓俄羅斯空軍徽章。

↓俄羅斯國防部的徽章。

↓蘇聯解體後，俄羅斯仍舊保留著大約120架安-26型運輸機；它們作為主要的輕型運輸機繼續服役，目前還沒有替換此飛機的計劃。安-26「卷毛」飛機的各種型號還包括指揮機、要員機以及搜索與救援/傷員撤運飛機。

↓「藍10」號安-26「捲髮」飛機，這架准民用機的機鼻上還塗著「蘇聯/俄羅斯民用航空總局」的徽標。

↑停在停機坪上的俄軍第226獨立混成航空團的飛機（安-24B、安-26運輸機、伊爾-22M空中指揮機、伊爾-20M電子情報機和一架被當作運輸機使用的圖-134UBL教練機）。

↓「紅02」號飛機是一架安-26 RTR電子情報機，注意該機機背上額外加裝的直立板狀天線。

←一架俄羅斯第181獨立航空中隊的安-30偵察機。

↓這架安-26「卷毛」採用灰色塗裝且繪有俄空軍飛行學校徽章。

安-24V－Ⅱ系列「焦炭」主要部件剖面圖：

1 雷達整流罩；

2 氣象雷達搜索天線；

3 搜索天線跟蹤裝置；

4 雷達整流罩鉸接點；

5 儀錶著陸系統天線；

6 甚高頻全向定位器天線；

7 雷達收發機；

8 前部密封密封艙壁；

9 前起落架艙；

10 方向舵踏板；

11 儀錶板護罩；

12 雷達顯示器；

13 風擋玻璃；

14 風擋玻璃雨刷；

15 駕駛艙頂窗；

16 頂部系統控制面板；

17 副駕駛員/領航員/無線電操作員的座椅；

18 儀錶板；

19 操縱杆；

20 駕駛艙甲板；

21 前起落架樞軸；

22 可操縱雙前輪（向前收起）；

23 下部電力設備艙，左右各一；

24 底部控制驅動；

25 無線電操作員的空間；

26 側面控制面板；

27 駕駛員座椅；

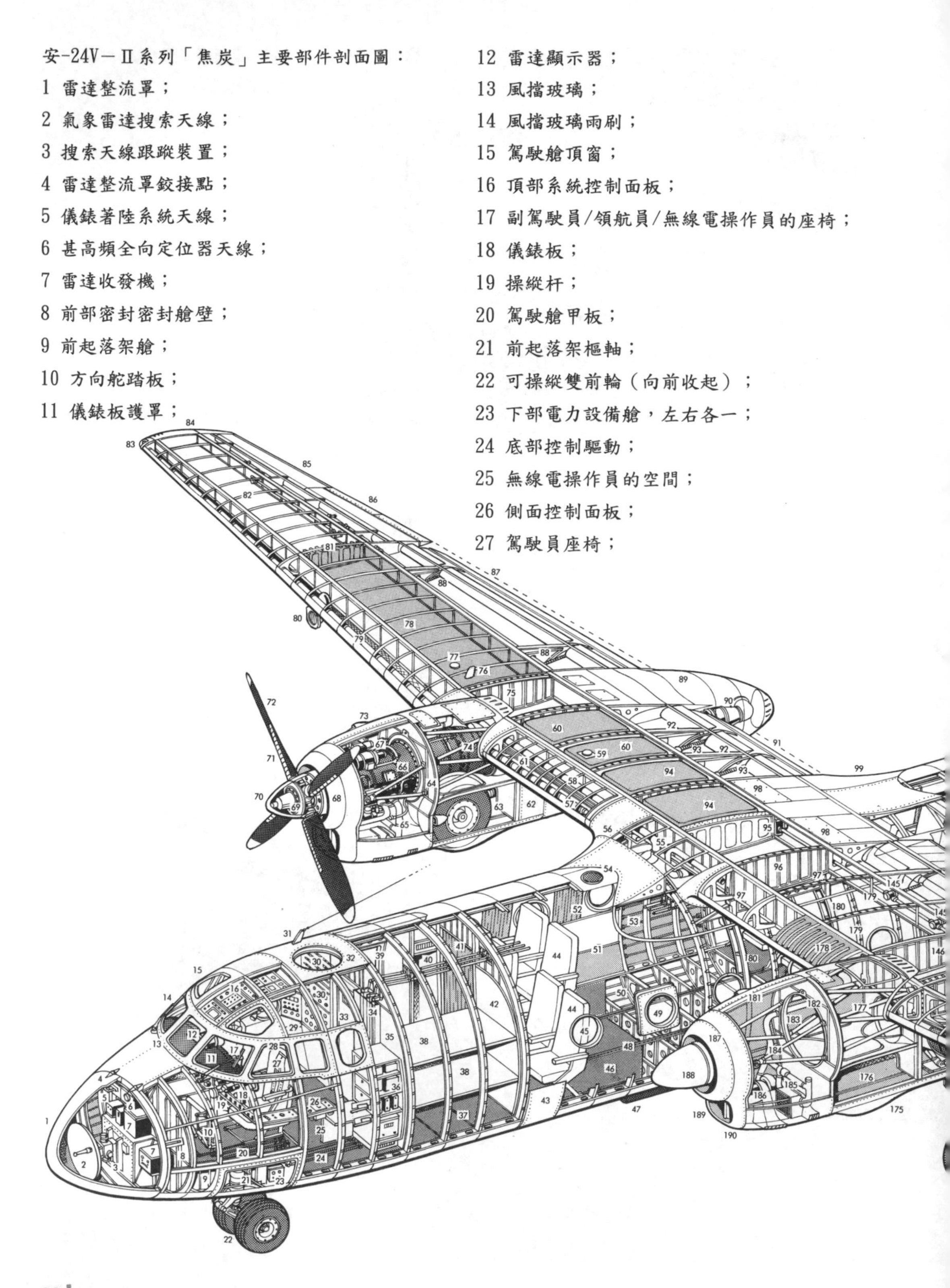

28 邊窗；

29 飛行技師的位置；

30 斷路器；

31 天線引入線；

32 駕駛艙頂部逃逸艙蓋，可更換成拋棄式觀察艙蓋；

33 駕駛艙艙門；

34 控制聯動裝置；

35 駕駛艙後部隔板；

36 無線電與電子設備；

37 行李艙；

38 行李架；

39 右側艙門；

40 機組成員衣櫃；

41 窗簾門；

42 乘客艙前部隔板；

43 螺旋槳推進器附近加厚的機身表面；

44 一排四座的乘客座椅，設計為50個乘客座椅；

45 乘客艙舷窗；

46 乘客艙地面；

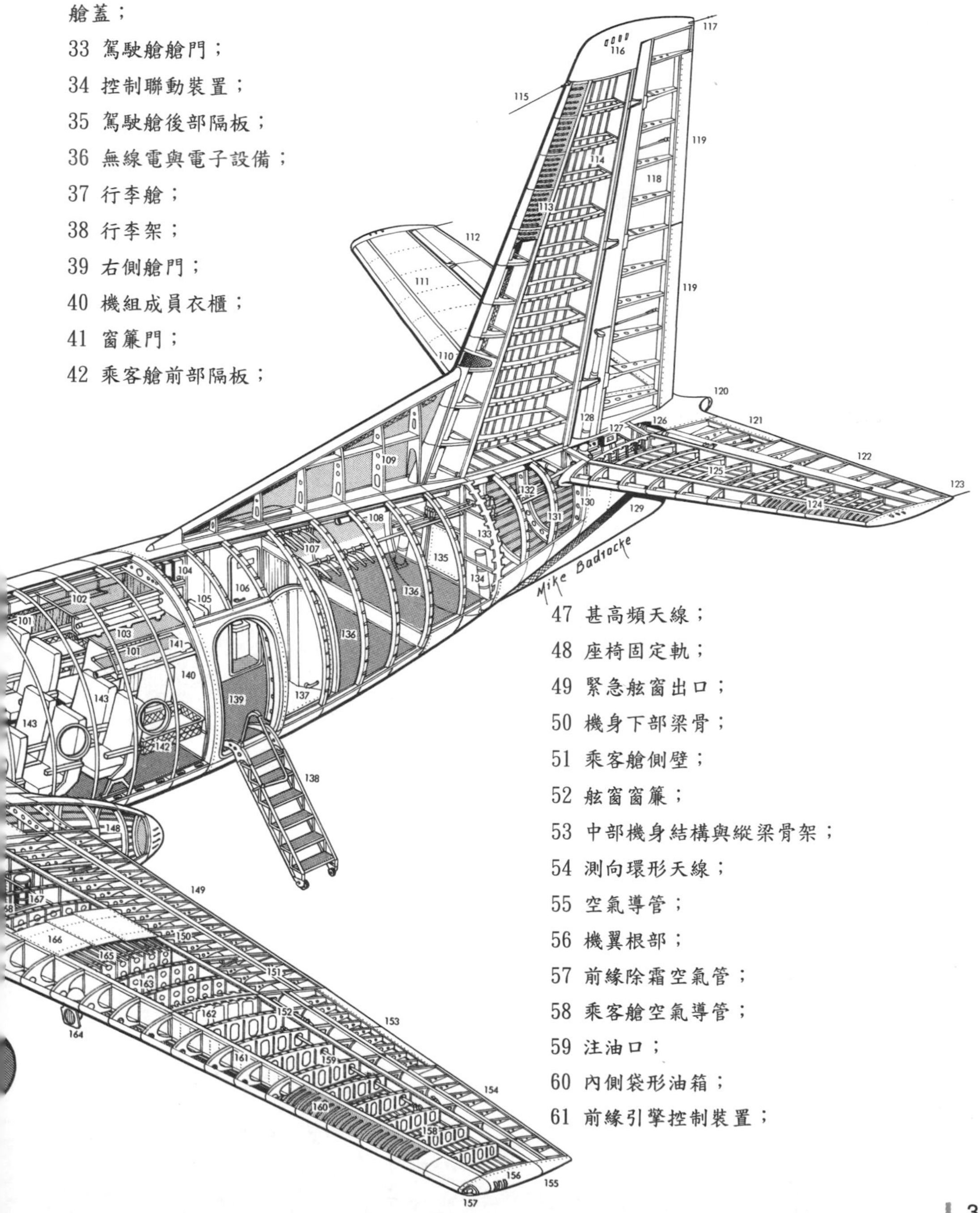

47 甚高頻天線；

48 座椅固定軌；

49 緊急舷窗出口；

50 機身下部梁骨；

51 乘客艙側壁；

52 舷窗窗簾；

53 中部機身結構與縱梁骨架；

54 測向環形天線；

55 空氣導管；

56 機翼根部；

57 前緣除霜空氣管；

58 乘客艙空氣導管；

59 注油口；

60 內側袋形油箱；

61 前緣引擎控制裝置；

62 右側飛機引擎艙；
63 右側主起落架（處於收起的位置）；
64 耐火隔板；
65 空調系統，熱氣導管；
66 伊夫琴科 AI-24A型渦輪螺旋槳引擎；
67 引擎輔助設備；
68 除霜熱氣進氣口邊緣；
69 螺旋槳推進器轂蓋機械裝置；
70 螺槳轂蓋；
71 螺旋槳推進器槳葉根部電除霜裝置；
72 AV-72型四槳葉螺旋槳推進器；
73 飛機引擎罩；
74 排氣導管，排氣管位於飛機引擎艙外側；
75 機翼接合翼肋；
76 放油口；
77 注油口；
78 機翼外側整體油箱，1220英制加侖（5550升）；
79 前緣除霜空氣導管；
80 可收起的著陸燈/滑行燈；
81 機翼外側接合翼肋；
82 外側機翼面；
83 右側航行燈；
84 翼尖整流罩；
85 右側兩段式副翼；
86 副翼配重；
87 外側雙縫襟翼，放下位置；
88 襟翼導軌千斤頂；
89 飛機引擎艙尾部整流罩；
90 TGA 6型渦輪啟動器（右側安裝有）；
91 內側雙縫襟翼，處於向下的位置；
92 襟翼導軌；
93 襟翼千斤頂；
94 可選的機翼油箱（4個），228英制加侖（1037升）；
95 中部襟翼電驅動；
96 機翼與機身附加主樑；
97 機翼附加接合處；
98 控制裝置蓋；
99 機翼根部後緣；
100 乘客艙頂部燈；
101 頂部行李架；
102 分離式天花板；
103 乘客艙暖氣管道；
104 餐具櫃；
105 空中服務員座椅；
106 洗手間；
107 衣架；
108 平尾除霜空氣導管；
109 翼根整流片骨架；
110 高頻凹槽天線；
111 右側水平尾翼；
112 右側升降舵；
113 垂直尾翼前緣除霜裝置；
114 垂直尾翼縱梁骨架；
115 高頻天線；
116 通氣口；
117 靜電放電器；
118 方向舵骨架；
119 方向舵配重；
120 尾部航行燈；
121 升降舵配重；
122 左側升降舵骨架；
123 靜電放電器；
124 水平尾翼前緣除霜裝置；
125 水平尾翼骨架；
126 升降舵鉸接裝置控制；
127 雷達高度計；
128 方向舵扭矩軸；
129 腹鰭；
130 垂直尾翼與水平尾翼固定骨架；
131 尾錐骨架；
132 水平尾翼控制杆；
133 後部密封艙壁；
134 緊急曳光彈發射軌，左右各一；
135 尾錐艙門；

136 後部行李與衣櫃間；
137 主艙門，打開狀態；
138 折疊式登機梯；
139 進口；
140 乘客艙後部隔板；
141 乘客艙通氣管；
142 嬰兒床，左右各一；
143 後部乘客座椅；
144 左側內側雙縫襟翼；
145 襟翼千斤頂；
146 引擎固定主樑；
147 控制裝置蓋；
148 飛機引擎艙尾部整流罩骨架；
149 左側外側雙縫襟翼；
150 襟翼護罩翼肋；
151 襟翼骨架；
152 後部翼梁；
153 副翼配重；
154 左側兩段式副翼骨架；
155 翼尖整流罩；
156 除霜通氣口；
157 左側航行燈；
158 外側機翼骨架；
159 副翼段互連裝置；
160 前緣波紋狀內表面，除霜空氣管；
161 前部翼梁；
162 外側機翼接合翼肋；
163 左側機翼整體油箱艙；
164 可收起的著陸燈/滑行燈；
165 機翼縱梁；
166 機翼表面鑲板；
167 液壓貯液器；
168 主起落架樞軸；
169 液壓回收千斤頂；
170 左側引擎排氣管；
171 主起落架艙門；
172 主起落架支杆；
173 向前收起的雙主輪；
174 主起落架前部支杆；
175 主輪艙門，起落架收起後關閉；
176 主輪艙；
177 引擎支杆；
178 內側前緣除霜空氣管道；
179 內側機翼油箱艙；
180 機翼與機身固定主結構；
181 左側飛機引擎罩；
182 耐火隔板；
183 主引擎環形結構；
184 前部引擎支杆；
185 乘客艙空氣系統冷卻氣與壓力支持裝置；
186 燃油冷卻器；
187 引擎環形進氣口；
188 螺旋槳推進器螺槳轂蓋；
189 燃油冷卻器與空氣系統；
190 進氣口空氣除霜裝置。

↑一架名為「奧卡」的彩色「黃06」號安-26S，是戰略轟炸部隊的人員運輸機，據推測駐紮於坦波夫。

↓一架安-26，尾翼上的紅色標誌代表其隸屬于俄羅斯聯邦安全局邊防衛隊。

↑俄羅斯海軍航空兵的一架安-26支援機。

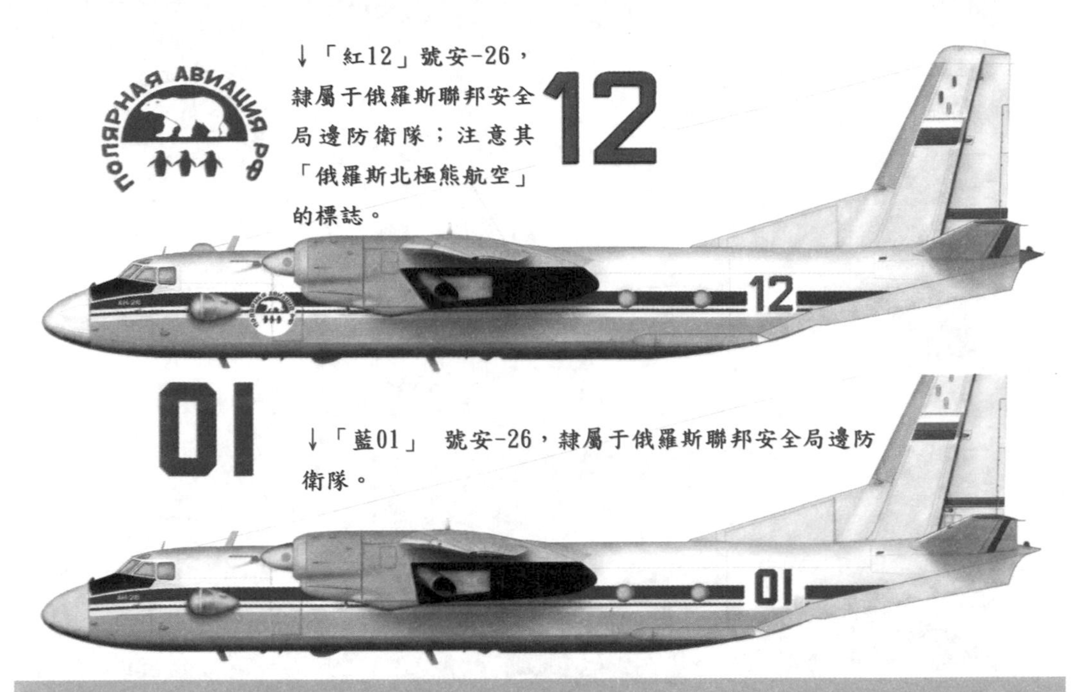

↓「紅12」號安-26，隸屬于俄羅斯聯邦安全局邊防衛隊；注意其「俄羅斯北極熊航空」的標誌。

↓「藍01」 號安-26，隸屬于俄羅斯聯邦安全局邊防衛隊。

安-26B「卷毛」—1技術說明

主要尺寸

長度：78英尺1英寸（23.80米）

高度：28英尺1.5英寸（8.575米）

翼展：95英尺9.5英寸（29.20米）

機翼展弦比；11.7

機翼面積：807.10平方英尺（74.98米^2）

平尾翼展：32英尺8.75英寸（9.97米）

輪距：25英尺11英寸（7.90米）

軸距：25英尺1.25英寸（7.65米）

動力裝置

兩台改進型（伊夫琴科）AL-24VT型渦輪螺旋槳引擎，每台功率為2820有效馬力（2103有效千瓦），與一台聯盟（圖曼斯基）RU-19A-300型渦輪噴氣引擎，推力為1765磅（7.85千牛）。

重量

空重：33950磅（15400千克）

正常起飛重量：50705磅（23000千克）

最大起飛重量：53790磅（24400千克）

最大有效載荷：12125磅（5500千克）

機內燃油：12125磅（5500千克）

性能

16400英尺（5000米）高度最大水平速度：292節（336英里/小時；540千米/小時）

海平面最大水平速度：275節（317英里/小時；510千米/小時）

19685英尺（6000米）高度巡航速度：237節（273英里/小時；440千米/小時）

海平面最大爬升率：每分鐘1575英尺（480米）

實用升限：24605英尺（7500米）

最大起飛重量時的起飛距離：2559英尺（780米）

最大著陸重量時的著陸距離：2395英尺（730米）

航程

最大油量時的航程：1376海里（1585英里；2550千米）

最大有效載荷時的航程：593海里（683英里；1100千米）

RA

安東諾夫設計局，安-124

Antonov An-124

1986年，隨著第四代重型運輸機——安東諾夫安-124「魯斯蘭」（魯斯蘭是俄羅斯民間故事中一個英雄的名字）的面世，蘇軍空運部隊實力又實現了一次飛躍。時至今日，該機型依舊是世界上在役的最大的軍民通用運輸機。該機獨一無二的貨艙體積（36.5米×6.4米×4.4米）使其可以裝載俄軍現在裝備的幾乎所有種類的物資，並大幅提升空運部隊執行戰略空運任務的能力。安-124裝備了四台燃料利用率極高的羅塔列夫D-18T大涵道比渦扇引擎，每台提供23400千克推力，這四台引擎使得安-124可以達到800~850千米/時的巡航速度（432-459節），航程達16500千米。儘管安-124有安-22和伊爾-76的2~3倍載貨量和航程，但油耗只有上述兩種機型的約40%。

安-124最主要的特色之一就是可從機頭機尾同時裝卸貨。除了傳統運輸機的尾艙裝卸貨滑橇以外，安-124駕駛艙前部機鼻可以由液壓系統驅動向上抬起，為前部裝卸滑橇留出空間，使貨物可以由前部進入貨艙。這種設計可以有效地簡化裝卸貨作業，尤其在裝卸長度較長的貨物時優勢明顯。安-124除了可以運輸各種車輛和拖掛車以外，還可以運輸標準尺寸的集裝箱和一些非常規尺寸的貨物，其配用的P-7和P-15型貨運託盤可以用來空投7.7噸或是20噸的大型貨

↓一架安-124的貨倉從機尾向內看，可以看出其寬度足夠並排停放兩輛BMP-2步兵戰車。

物，而PRSM-925型貨盤則被用來空投車輛和其他載具。安-124還可以裝載一種被稱為Garaga的設備來執行海上救援任務。安-124攜該裝置飛行至失事海域並將其空投以救起倖存者。安-124的最大起飛重量為392噸，載貨量為120~150噸，最大負載狀況下，該機最大航程達4500千米；當裝載最大量的備用燃油時，航程即可達到前文所述的16500千米。

西方和安-124定位最貼近的機種為美國洛克希德公司C-5B「銀河」運輸機，這兩種飛機有著相同的載重量，但安-124的航程更遠。得益於每側五組獨立杠杆懸掛系統的起落架設計，有著超凡體積和重量的安-124仍可以在簡易機

↑安-124機頭和機尾均可進行裝卸貨作業，圖中這架安-124的機鼻翹起，正在部署前部裝卸貨滑橇。

↓一輛BMP-2步兵戰車正要駛離MAZ-537坦克拖車並從機鼻貨橋開進安-124的貨倉。注意機艙內進入駕駛艙的梯子和鋪在貨橋及貨倉地面上以保護其不被履帶式車輛碾壓損壞的木板。

場起降。主起落架的「膝蓋式彎曲」功能也極大地簡化了自行類貨物的裝卸過程，例如卡車和各種小型車輛。如今，烏裏揚諾夫斯克的航空之星-SP飛機製造廠仍在為俄軍進行安-124改進型安-124-100M的生產。

由於安-124的定位就是運送大型貨物的重型運輸機，所以都未配備防衛性武裝。

→第224空中分遣隊所裝備的RA-82032號安-124，在垂直尾翼上可以看見第224分遣隊的徽標，因此該機未繪製民航徽標。

↓少數幾架繪有俄軍徽標的安-124運輸機之一。

↓另一架編號為RA-82025的「弗拉基米爾・費奧多羅夫」號安-124。第566空運航空團的大多數安-124都採用了1973年標準的蘇聯民航塗裝。

安-124技術說明

主要尺寸

長度：226英尺7英寸（69.10米）

高度：69英尺1.6英寸（21.08米）

翼展：240英尺5英寸（73.30米）

機翼面積：6760英尺^2（628米^2）

動力裝置

4台羅塔列夫D-18T大涵道比渦扇引擎，每台功率為23400千克推力

重量

空重：38581磅（17500千克）

最大起飛重量：892872磅（405000千克）

性能

（高度10～12千米）最大水平速度：800～850千米/小時）

航程

最大油量時的航程：8910海里（16500千米）

最大有效載荷時的航程：2430海里（4500千米）

FORCE
5142
452ND

波音公司，C-17「全球霸王」

Boeing C-17

1991年9月15日，C-17的原型機T-1在長灘機場進行首飛，飛往加利福尼亞州愛德華茲空軍基地。首飛比預定晚了一年多。更糟糕的是，1991年10月1日的飛機靜力測試中發現C-17的機翼結構不合理，在採取了一些小型修改措施後解決了結構問題。

在愛德華茲空軍基地進行的C-17測試項目高效率地完成了預定目標。接著，測試飛行員和工程師再接再厲，深入挖掘飛機的飛行潛力。與之前的測試項目不同，本次測試在預算內完成了既定目標。1992年9月7日，P-3型飛機首飛，那天正好是銀行公休日（勞動節），愛德華茲空軍基地的一條跑道關閉維修。於是飛機獲准降落在一片乾涸的河床上。這證明在不平的地面上降落沒有任何問題。不久之後，一輛M60主戰坦克被裝上C-17運走，它也成為被裝載的首輛履帶式車輛。從那以後，C-17開始運載各種各樣的車輛和武器。

首架生產線下來的C-17編號為P-1，於1992年5月19日首飛。1993年6月14日，駐查爾斯頓空軍基地的第437空運聯隊下屬的第17空運中隊接收了首架C-17運輸機。

「環球霸王」III這個名字是為了紀念早期道格拉斯公司生產的C-74和C-124運輸機。1993年2月5日，美國空軍機動司令部司令羅納德・福格爾曼將軍

↓駐查爾斯頓空軍基地第437空運聯隊的一架C-141A型運輸機飛至南卡羅來納州一座大橋上方。

↑1992年，C-141A運輸機正在進行M1A1「艾布拉姆斯」主戰坦克的裝載測試。

（後任職美國空軍參謀總長）正式命名C-17為「環球霸王」。

C-17是一種上單翼、四發動機、採用T形尾翼的運輸機，配有其引以為傲的數字顯示屏、符合人機工程的飛行面板；飛機的兩個飛行員座位並排設計，飛行員使用操縱杆而不是飛行搖杆駕駛飛機。C-17是首架安裝了平視顯示器的運輸機。它的翼展為168英尺（合51.08米），後掠角25°，為超臨界機翼設計。同時，它的翼尖小翼可以增進燃油有效性。幾乎三分之一的結構重量分佈於單機飛機的機翼上。

4台普拉特・惠特尼F117-PW-100型（公司編號PW2040）渦扇發動機安裝在C-17的機翼前部和下部的懸吊式掛架上，每台都能提供驚人的41847磅（合188.3千牛・米）的推力。

在科索沃戰爭的「聯盟」行動中，北約部隊大量使用了位於阿爾巴尼亞地拉那的設備簡陋的機場。地拉那是美軍「阿帕奇」直升機部隊的集結地，C-17是唯一能夠裝載特大型物品進出該機場的運輸機。在那次行動中，C-17運輸機的可執行任務率達到了95%。

C–17A「環球霸王」III型運輸機

從外表看波音C-17「環球霸王」III運輸機極具欺騙性。儘管與早期的C-141B「星」運輸機外形相似，但C-17的運載能力是前者的3倍。

測試條件

正在飛行測試期間的C-17運輸機，從外觀上看，測試機和C-17的投產機型並無區別。

物資

除了能夠裝載坦克、直升機之類的特大物資之外，C-17還能裝載18個463升的貨物託盤，而且完全機械化，只需1名貨物裝卸員操縱即可。

燃油

燃油裝在6個機翼主油箱裏，被集成在主翼梁之間，整個翼展長度達到52.2米，能夠裝載總量達27108加侖（合102615升）的JP-8號航空煤油。

貨艙

主艙室長合20.77米，包括後部坡道，容積為592立方米。翼下高度為3.67米，裝載寬度為5.5米。

載人

C-17通常並不運載士兵，內部設有54把翻椅，沿中軸線還設有48個座位，或是安放100個墊子，使最大運載量達到154人。

空投

通過尾端坡道，C-17運輸機多平臺可空投49896千克物資，單平臺可空投27216千克的物資；此外，還可以空投11個463升的託盤或102名傘兵。經過在南卡羅來納州布拉格堡的測試，對於傘兵門做了重新設計，現在完全有能力進行空降行動。

雙功能坡道

C-17A運輸機的全承載尾端坡道的設計可以使表面承受18144千克的重量。當艙門關閉時，該坡道是貨倉的一部分。

短跑道降落利器

飛機的降落裝置為高下降率設計，機翼配置有外吹式動力吹氣襟翼、全展前緣長縫翼和反推力設置等優化設計。「環球霸王」III運輸機可在僅有914米長的非鋪裝道路上降落，可裝載的貨物量是美國空軍另外一種短道降落機型C-130「大力神」的4倍。

↓1999年10月15日，一架來自麥科德空軍基地第62空運聯隊第7空運中隊的C-17A運輸機首次在南極洲降落，為美國人在這一地區執行任務掃清了障礙。

←1995年，在「聯合力量」行動中，一場突如其來的小雪，並沒有阻礙第437空運聯隊的2架C-17A「環球霸王」運輸機從法蘭克福的萊茵—美因飛行基地出發前往波斯尼亞執行人道主義任務。

→在1992年6月的隊列測試中，一個C-17「環球霸王」機群正飛越美國西南部愛德華茲空軍基地附近的大沙漠。

C-17A「環球霸王」技術說明	
主要尺寸	重量
長度：174英尺（53.04米）	空重：277000磅（125645千克）
高度：55英尺1英寸（16.79米）	最大起飛重量：585023磅（265352千克）
翼展：165英尺（50.29米）	最大有效載荷：170400磅（77292千克）
機翼面積：3800英尺^2（353米^2）	性能
動力裝置	低空巡航速度：403英里/小時（648千米/小時）
4台普拉特・惠特尼F117-PW-100型（公司編號PW2040）渦扇發動機，每台功率為41847磅推力（188.3千牛・米）	最大有效載荷時的航程：2500海里（4630千米）

31205
USAF

比奇（雷聲）公司，C-12

Beech (Raytheon) C-12

比奇飛機公司自1969年起，用了4年時間，以「空中之王-100」這一成功的渦輪螺旋槳行政勤務運輸機為基礎，研製了「超級空中之王-200」。新機型使用了功率更大的發動機，採用T形尾翼，加長了翼展，改進了設備。與已經在美國陸軍服役的編號為U-21的「空中之王」相比，新機型的體積更大，飛行速度更快，性能更佳。美國陸軍和空軍簽約訂購了34架新型C-12飛機。從多方面講，這些飛機是標準的「超級空中之王」飛機，只是因軍隊所需安裝了改進後的電子儀器和設備。

1978年美國海軍購買了首批78架C-12，用於人員貨物和運輸。為了容納下貨物，這些UC-12B在左舷安裝有大型的貨艙門（1.32米×1.32米），使用更新型的634千瓦（850馬力）的普拉特·惠特尼公司產PT6A-41發動機，起落架組件的標準更高。美國陸軍則將一些新型C-12D改用於特種電子任務和戰場偵察，編號為RC-12。這些飛機安裝有大型的天線陣和電子吊艙。

↓民用型的「超級空中之王-200」型飛機廣泛裝備於各國，數量較多。雖然有一些承擔了海上監視與訓練任務，但其中大多數還是作為輕型運輸機與多用途飛機使用。新西蘭皇家空軍在威諾派的第42中隊租用了3架此型飛機用於以前由「安多福斯」式飛機與賽斯納421型飛機來完成的多曲柄引擎訓練、綜合運輸以及要員機值勤。

→美國空軍採購C-12型飛機的數量達到了82架。其中40架為C-12F型，這是一款基於B200C型改進而來的，用於綜合運輸任務；1995年有幾架被指派給美國陸軍使用，成了C-12F-3型。圖中這架飛機塗有駐沖繩嘉手納美空軍基地第18聯隊的尾號「ZZ」。

↑這架UC-12B由美國海軍陸戰隊司令部使用，基地位於華盛頓特區的海軍航空中心。

↓美國海軍利用2架RC-12F型（如圖）與2架RC-12M型飛機作為空中監視飛機，機腹載有對地搜索雷達。RC-12M型飛機部署於加州的穆古角，而RC-12F型飛機則駐紮於夏威夷的巴金沙灘。

←美國海軍和海軍陸戰隊共購買了78架C-12，編號為UC-12B，於1980年前後開始服役，用於運送人員和設備。

←包括阿根廷在內的一些南美國家的空軍，購買了「超級空中之王」，作為偵察與海上巡邏平臺，這是在這些國家經濟承受能力之內的。

←比奇飛機公司的C-12F作為一種作戰支援飛機，取代了CT-39「軍刀」，採用了功率更強大的發動機。

↓美國陸軍的C-12A/C/D「休倫人」作為多種用途飛機，在全世界範圍內廣泛用於支援美國軍隊和美國使館。

→美國陸軍在收到使用更強大的PT6A-41渦輪螺旋槳發動機的C-12C/D的同時，也對其為數眾多的C-12A以同一標準進行了升級。其特點是，加長了機翼，增加了貨艙門。

→有些C-12經過偽裝，用於偵察。

↓編號為UC-12J的比奇公司產1900C的體積和功率更大，是美國空中國民警衛隊從1987年起用于任務支援的6架飛機之一。

C-12主要部件剖面圖：

1 飛機頭部；
2 氣象雷達；
3 雷達發射機；
4 著陸燈/滑行燈；
5 前起落架支杆；
6 前輪；
7 前輪艙門；
8 通氣口；
9 空調設備；
10 前部隔艙骨架；
11 電力設備艙；
12 無線電與電子設備艙；
13 艙蓋；
14 剎車液壓貯液器；
15 前部密封艙壁；
16 方向舵踏板；
17 機腹天線；
18 座艙甲板；
19 駕駛員座椅；
20 操縱盤；
21 儀錶板；
22 邊窗；

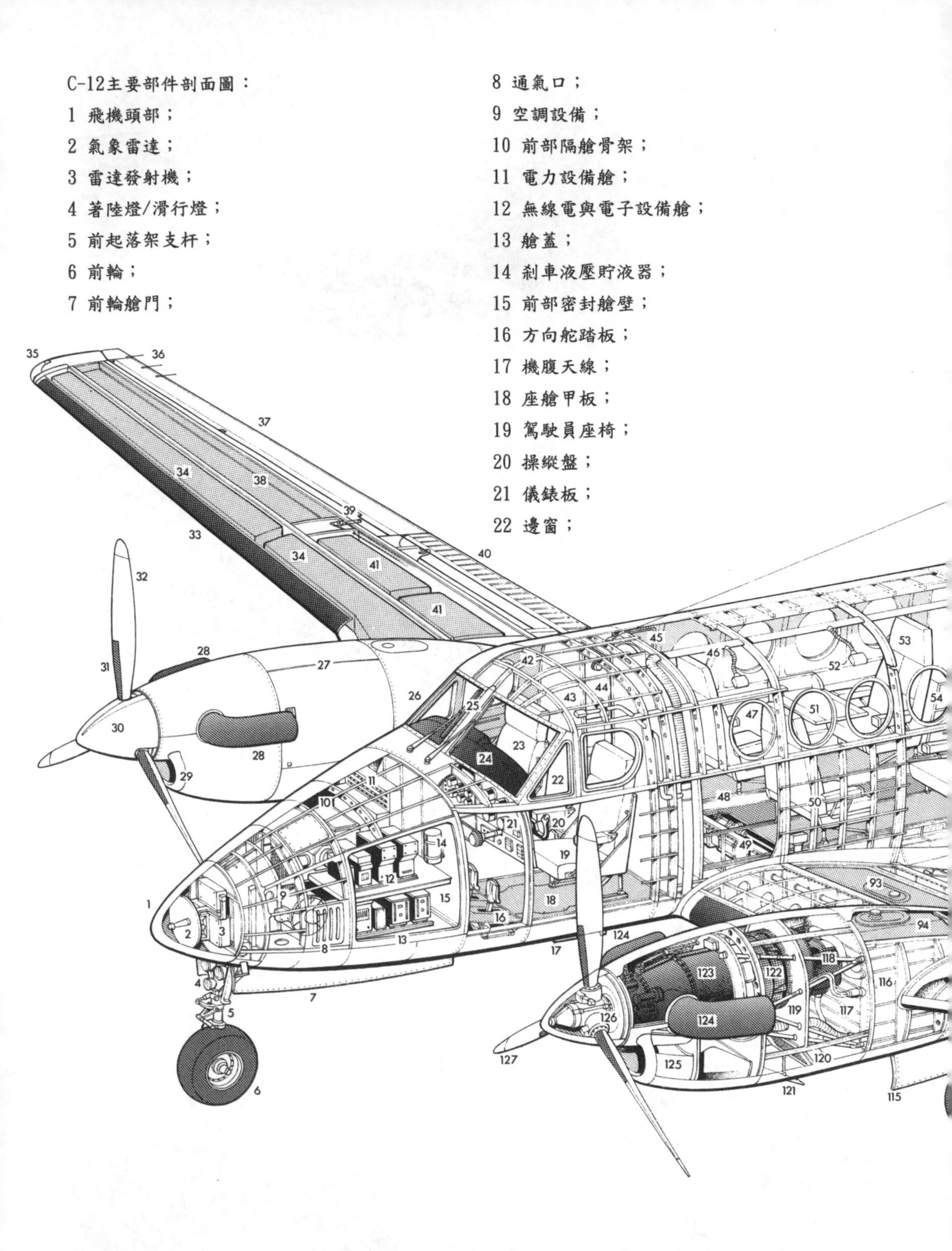

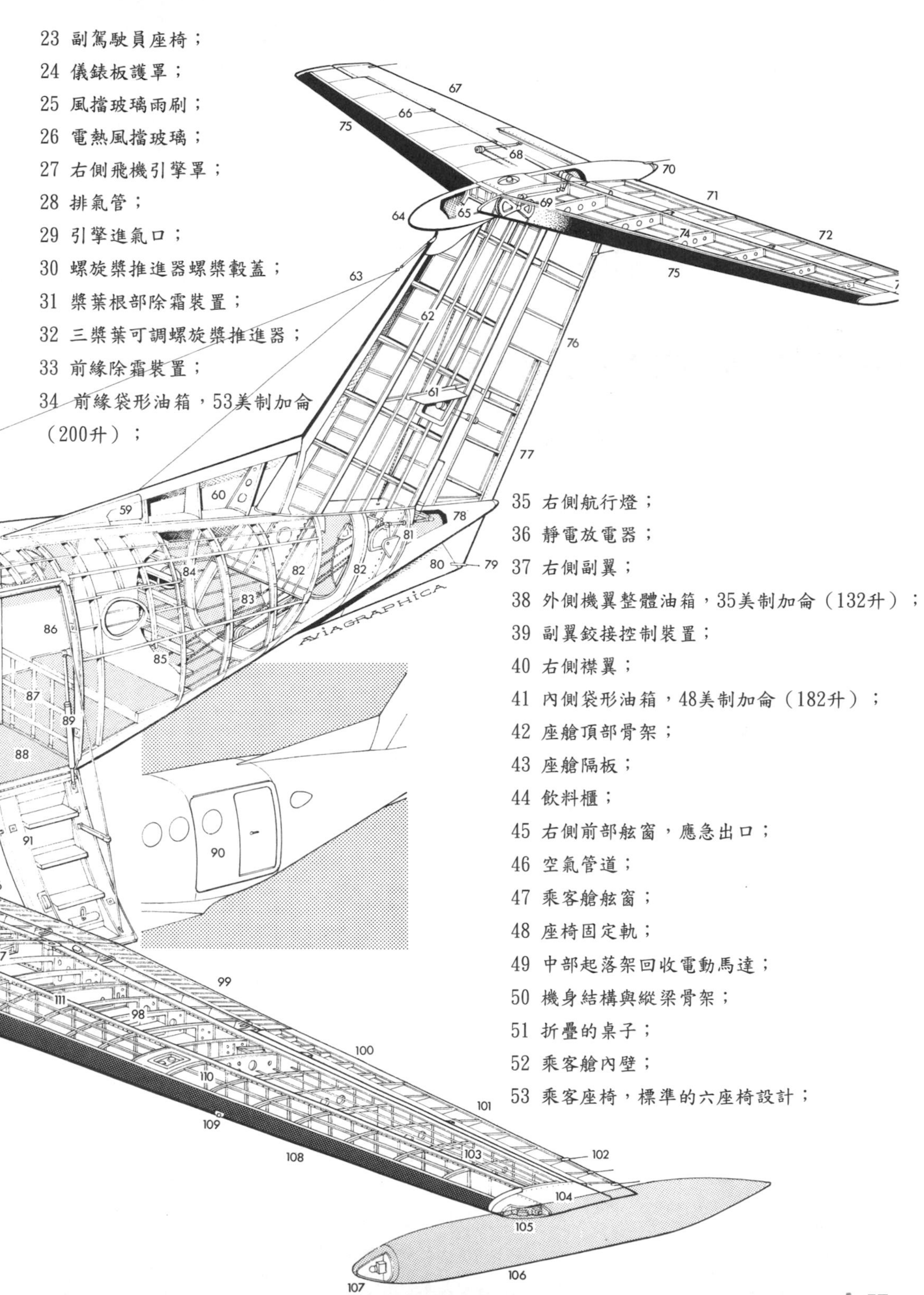

23 副駕駛員座椅；

24 儀錶板護罩；

25 風擋玻璃雨刷；

26 電熱風擋玻璃；

27 右側飛機引擎罩；

28 排氣管；

29 引擎進氣口；

30 螺旋槳推進器螺槳轂蓋；

31 槳葉根部除霜裝置；

32 三槳葉可調螺旋槳推進器；

33 前緣除霜裝置；

34 前緣袋形油箱，53美制加侖（200升）；

35 右側航行燈；

36 靜電放電器；

37 右側副翼；

38 外側機翼整體油箱，35美制加侖（132升）；

39 副翼鉸接控制裝置；

40 右側襟翼；

41 內側袋形油箱，48美制加侖（182升）；

42 座艙頂部骨架；

43 座艙隔板；

44 飲料櫃；

45 右側前部舷窗，應急出口；

46 空氣管道；

47 乘客艙舷窗；

48 座椅固定軌；

49 中部起落架回收電動馬達；

50 機身結構與縱梁骨架；

51 折疊的桌子；

52 乘客艙內壁；

53 乘客座椅，標準的六座椅設計；

↓愛爾蘭空軍是除美國軍隊外使用比奇飛機公司C-12/「超級空中之王」的18支空軍之一。3架該型飛機被用於執行海上巡邏任務，以及用作運輸機和多引擎教練機。

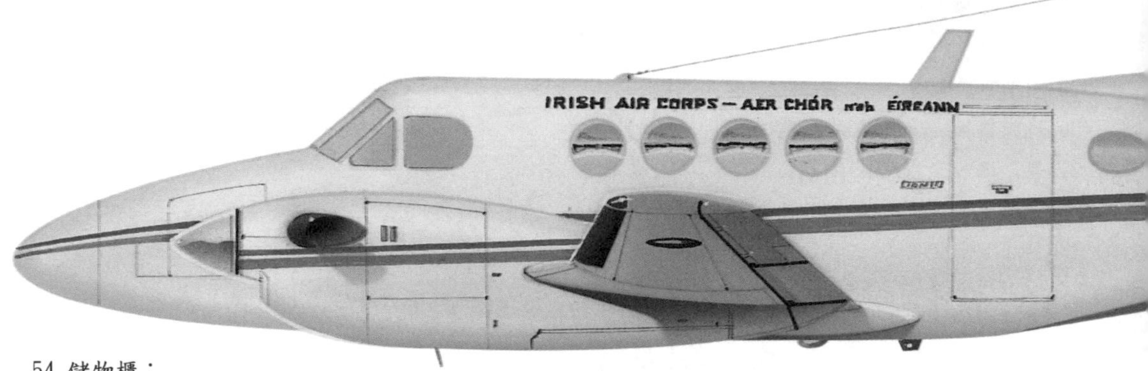

54 儲物櫃；
55 乘客艙後部隔板；
56 洗手間；
57 通信天線；
58 機身電鍍表面；
59 隱藏式天線；
60 垂直尾翼根部；
61 甚高頻全向天線；
62 垂直尾翼骨架；
63 天線；
64 平尾子彈形整流罩；
65 尾部附加接合處；
66 右側水平尾翼；
67 右側升降舵；
68 升降舵配重控制裝置；
69 升降舵鉸接控制裝置；
70 尾部航行燈；
71 升降舵配重；
72 左側升降舵；
73 突角補償；
74 水平尾翼骨架；
75 前緣除霜裝置；
76 方向舵骨架；
77 方向舵配重；
78 尾錐整流罩；
79 靜電放電器；
80 腹鰭；
81 方向舵鉸接控制裝置；
82 傾斜垂直尾翼固定結構；
83 控制電纜驅動；
84 氧氣瓶；
85 後部密封艙壁；
86 行李艙；
87 行李固定網；
88 艙門口；
89 艙門支杆；
90 可選裝的貨艙門；
91 整體登機梯；
92 機翼根部；
93 內側副油箱，79美制加侖（299升）；
94 飛機引擎艙油箱，57美制加侖（216升）；
95 滅火器鋼瓶；
96 左內側單翼縫襟翼；
97 主起落架/飛機引擎艙固定翼肋；
98 機翼骨架；
99 左外側單翼縫襟翼；
100 副翼配重；
101 左側副翼骨架；
102 靜電放電器；

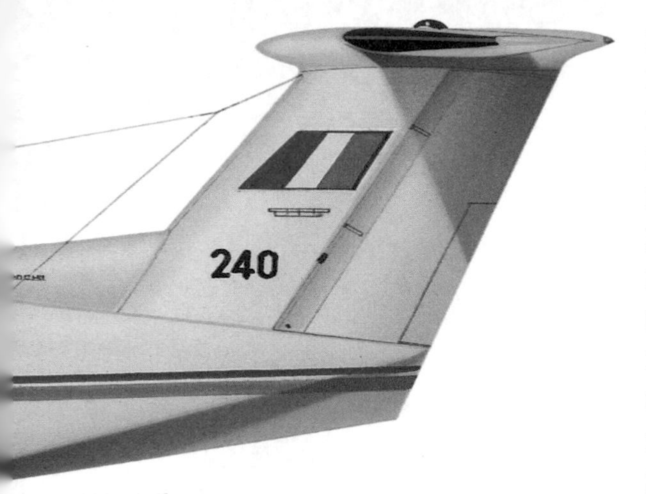

103 機翼縱梁；
104 翼尖整流罩；
105 左側航行燈；
106 可選擇安裝的翼尖油箱，52.5美制加侖（199升）；
107 翼尖油箱上的航行燈；
108 前緣除霜裝置；
109 失速告警發射機；
110 前緣骨架；
111 主翼梁；
112 外側機翼翼梁接合處；
113 主起落架支杆；
114 雙主輪；
115 主輪艙門；
116 飛機引擎艙側壁骨架；
117 引擎艙後部隔板；
118 引擎支杆；
119 耐火隔板；
120 燃油冷卻器；
121 進氣旁門；
122 引擎進氣格柵；
123 普拉特・惠特尼公司生產的加拿大PT6A-41型渦輪螺旋槳引擎；
124 引擎排氣管；
125 進氣道；
126 螺旋槳推進器轂蓋轉換機械；
127 漢澤爾公司三槳葉螺旋槳推進器。

C-12技術說明

主要尺寸
長度：43英尺10英寸（13.38米）
高度：14英尺10英寸（4.52米）
翼展：54英尺6英寸（16.61米）
平尾翼展：18英尺5英寸（5.61米）
機翼面積：303平方英尺（28.15平方米）
輪距：17英尺2英寸（5.23米）
軸距：14英尺11.5英寸（4.56米）
乘客艙空間：31285立方英尺（885.90立方米）
動力裝置
兩台普拉特・惠特尼公司生產的加拿大PT6A-42型渦輪螺旋槳引擎，每台功率為850軸馬力（634千瓦）
重量
空重：8192磅（3716千克）
最大起飛重量：12500磅（5670千克）
最大停機重量：12590磅（5710千克）
載油量：544美制加侖（453英制加侖；2059升）
最大載油量：3645磅（1653千克）
行李載重：550磅（249千克）
性能
最大水平速度：336英里/小時（541千米/小時）
實用升限：35000英尺（10670米）
起飛距離：1860英尺（567米）
最大航程：2139英里（3442千米）
座位數
兩個機組成員位置，加上乘客艙7個乘客座位

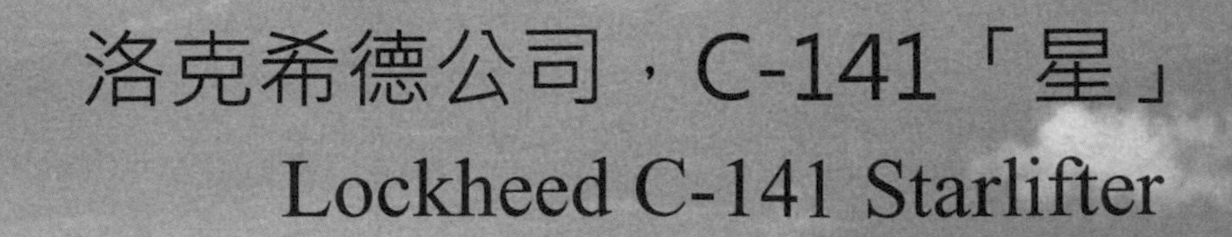

洛克希德公司，C-141「星」
Lockheed C-141 Starlifter

1963年12月17日，C-141A首次試飛。1965年4月23日，該機編入第1501空運聯隊（後來的第60軍事空運聯隊），駐紮在加利福尼亞州的特拉維斯空軍基地。8個月後，美國軍事空運局經歷巨震，並於1966年1月1日改名為軍事空運司令部（MAC）。1966—1967年，「星」運輸機又編入了5個一線運輸單位，包括位於華盛頓麥考德空軍基地的第62軍事空運聯隊、加利福尼亞諾頓空軍基地的第63軍事空運聯隊、特拉華州多佛空軍基地的第436軍事空運聯隊、南卡羅來納查爾斯頓空軍基地的第437軍事空運聯隊和新澤西州麥圭爾空軍基地的第438軍事空運聯隊。還有少量的C-141分配給了軍事空運司令部的主要訓練單位——第443軍事空運聯隊（培訓）。

↓圖為下線的第三架「星」運輸機，被指派進行美國空軍的持久性測試任務。該機被定為NC-141A型，後來又安裝了先進雷達試驗平臺，使得飛機頭部安裝的雷達設備能夠在電子干擾環境下進行測試。此飛機於1997年退役移交給了美國陸軍器材研製審查委員會。

作為「星」運輸機的首個服役單位，特拉維斯基地是越南供應鏈的重要一環。因此，在戰爭的高峰期，可以頻繁見到運輸機飛往東南亞。戰爭中，C-141A橫跨太平洋把士兵和急需的補給品運往南越的各前沿基地，比如新山。

除了支援越南的作戰部隊，「星」運輸機還擔負了各種特別空運任務，包括機動訓練演習、洲際導彈和特大型貨物運輸、人道主義任務以及特別支援行

↑SOLL II特種作戰型C-141B運輸機很可能是屬於最新型的飛機，最終於2003年退役，由C-17A型運輸機取代。

動等。

隨著C-141更多地裝備軍事空運局，它開始承擔更多的日常運輸任務，成為美國海外基地一道熟悉的風景。到1967年，軍事空運司令部共接收空軍採購的284架C-141。從那時起，「星」運輸機可以出現在任何美國的勢力範圍或是既得利益所在區域。

20世紀60年代末至70年代初的實際使用經驗反映出，儘管C-141A在很多方面都非常符合軍事空運司令部的運輸任務要求，但是早期的運輸機還是有一些缺點。要想真正做到全球運輸，C-141必須做到可以空中加油。同時，該機的有效運載能力也不完美。飛機的容量局限在於其很容易「突出」，即飛機還沒有達到最大運載量，物理空間已經裝滿。針對這兩點的改動，最終產生了新的C-141B機型。

儘管「星」運輸機的貨艙橫截面無法改進，但是把飛機加長、使其裝載量儘量接近其最大值，卻是可行的。1976年，洛克希德公司簽下2430萬美元的合同，把一架C-141A改裝成YC-141B原型機。

改裝增加了標準436L型托板的數量，從10個增加到13個。改進了翼根整流罩，可以減少阻力、少量增加飛機最大速度，以及減少燃油消耗。

YC-141B增加了空中加油能力。1977年3月24日，該機首飛成功。1977年中對原型機的測試使軍事空運司令部決心改裝剩餘的大約270架C-141A。1978年，該項目在洛克希德公司旗下的瑪麗埃塔工廠進行。1979年，首架C-141B投產機交付。1982年，最後一架C-141B交付軍事空運司令部後，改裝項目以低於原計劃的時間和成本順利完成。運輸機編隊方面的改革使軍事空運司令部以極低的成本增加了一支擁有90架C-141A的隊伍，還無須增加機組成員。

新型「星」運輸機自進入軍事空運司令部服役以來，充分展示了自己的價值。這個走向成熟的機型將繼續為軍事空運司令部服務，把貨物、人員運送到世界的各個角落。

→C-141A改裝為C-141B（前），需要在機翼正前方和後方緊挨著的地方分別增加一根13英尺4英寸（4.06米）和10英尺（3.05米）的加油管。

↓如今在其生涯的黃昏時刻，到退役時C-141型「星」運輸機很可能服役了40年之久。

→實際操作中，C-141B的到來，極大地擴展了軍事空運司令部的運輸潛力。空中加油能力意味著C-141航程將僅受機組成員的疲勞因素影響。

↓隨著側向帆布座椅的就位，C-141B可以裝載168名全副裝備的傘兵。「蚌殼」式後貨艙門可以向外開啟以保證最大通過間隙。

C-141B型「星」

主要部件剖面圖

1 雷達整流罩；
2 氣象雷達搜索天線；
3 儀錶著陸系統天線；
4 雷達跟蹤裝置；
5 前部密封艙壁；
6 風擋玻璃；
7 儀錶板護罩；
8 方向舵踏板；
9 機組成員氧氣貯存罐；
10 雙前輪；
11 前起落架支杆；
12 駕駛艙甲板；
13 操縱杆；
14 駕駛員座椅；
15 邊窗；
16 中央控制臺；
17 副駕駛員座椅；

18 頂部控制面板；
19 飛行技師位置；
20 領航員位置；
21 折疊座椅空間；
22 無線電與電子設備；
23 前起落架艙門；
24 機組成員的廚房；
25 機組成員休息區座椅；
26 駕駛艙門；
27 逃逸梯；
28 休息鋪位；
29 駕駛艙頂部逃逸艙蓋；
30 空中加油引導燈；
31 空中受油口；
32 敵我識別天線；
33 燃油導管；
34 面向尾部的士兵座椅；
35 乘員艙門，打開狀態；
36 滅火器鋼瓶；
37 機翼前緣檢查燈；
38 載貨甲板；
39 並排6座的士兵座椅；
40 貨艙前部逃逸艙蓋；
41 逃逸梯；
42 超高頻天線；
43 加油管整流罩；
44 前部機身加長段；
45 機身表面鑲板；
46 貨艙絕緣壁；
47 人員過道；
48 機身加長段接合處；
49 甲板橫樑骨架；
50 右側緊急出口；
51 機身結構與縱梁骨架；
52 貨物滾裝甲板；
53 左側緊急出口；
54 463L型貨盤（13個）；
55 機翼翼梁/機身主結構；
56 空氣系統通風口；
57 衝壓進氣口；

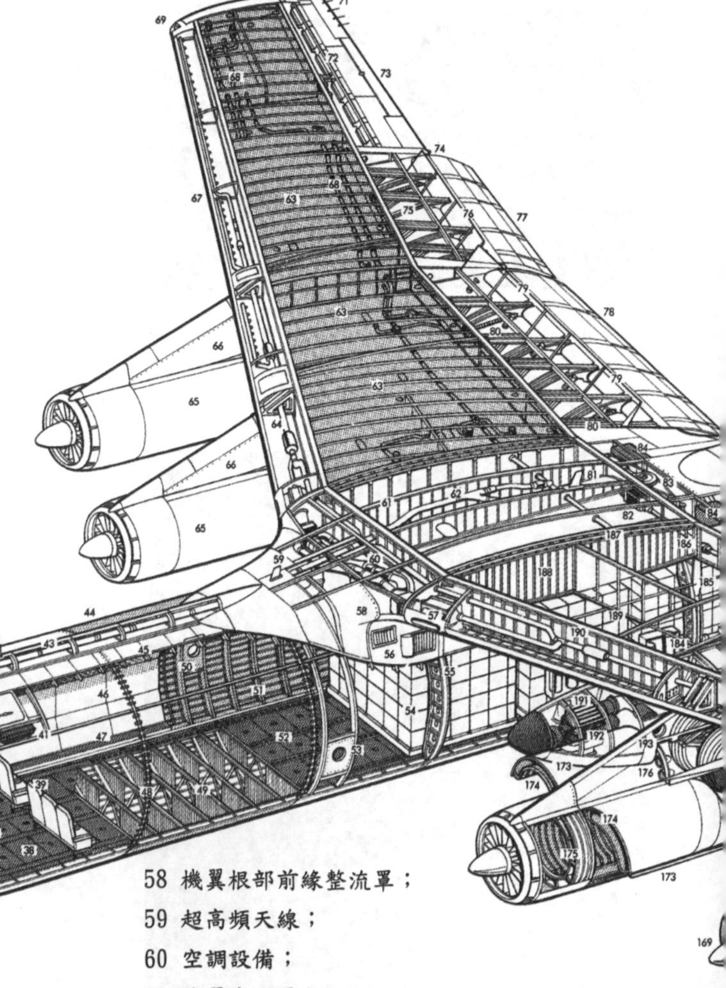

58 機翼根部前緣整流罩；
59 超高頻天線；
60 空調設備；
61 機翼中央骨架；

62 燃油系統導管；
63 右側機翼整體油箱；燃油系統總容量23592美制加侖（89305升）；
64 引擎放氣管道；
65 右側飛機引擎艙；
66 飛機引擎艙掛架；
67 前緣除霜空氣導管；
68 燃油系統導管；
69 右側航行燈；
70 翼尖整流罩；
71 靜電放電器；
72 右側副翼；
73 副翼配重；
74 放油裝置導管；
75 襟翼導軌；
76 外側擾流板，打開狀態；
77 右外側襟翼，處於向下的位置；
78 右側內側襟翼，處於向下的位置；
79 內側擾流板，打開狀態；
80 襟翼千斤頂；
81 甚高頻天線；
82 中部襟翼驅動馬達；
83 副翼與擾流板驅動裝置；
84 救生筏；
85 緊急設備；
86 機翼根部後緣；
87 嵌入式測向儀天線；
88 右側水上迫降艙口；
89 機身尾部加長段；
90 空氣系統管道；
91 風扇；
92 逃逸梯；
93 後部逃逸艙蓋；
94 尾部機身上部結構；

95 貨艙密封斜面艙門，向上打開；
96 後部密封艙壁；
97 貨艙壓力閥；
98 機身尾部結構；
99 垂直尾翼根部；
100 垂直尾翼骨架；
101 垂直尾翼內部支撐結構；
102 甚高頻全向天線；
103 全動水平尾翼固定軸；
104 水平尾翼千斤頂；
105 高頻天線；
106 高頻天線；
107 右側水平尾翼；
108 靜電放電器；
109 右側升降舵；
110 升降舵液壓千斤頂；
111 防撞燈；
112 垂直尾翼與平尾子彈形整流罩；
113 升降舵配重；
114 左側升降舵骨架；
115 升降舵突角補償；
116 左側水平尾翼骨架；
117 方向舵配重；
118 方向舵骨架；
119 尾錐通風口；
120 方向舵液壓千斤頂；
121 垂直尾翼結構；
122 艙門支杆；
123 左側貨艙門，處於打開狀態；
124 艙門液壓卡鎖裝置；
125 貨艙門蜂窩式骨架；
126 飛行中可以打開的空投艙門；
127 斜板伸展部分；
128 斜板液壓支杆；
129 裝載貨物斜板， 處於放下的位置；
130 裝卸長控制面板；
131 傘兵空降艙門，左右各一；
132 滅火器鋼瓶；
133 後部緊急出口，左右各一；
134 傘兵折疊座椅；
135 左側內側襟翼；
136 左側擾流板；
137 襟翼千斤頂；
138 襟翼扭矩軸；
139 救生筏；
140 襟翼向下的位置；
141 左側外側襟翼；
142 放油管；
143 擾流板/副翼連接裝置；
144 副翼配重；
145 副翼液壓千斤頂；
146 左側副翼配重；
147 副翼骨架；
148 靜電放電器；
149 副翼突角補償；
150 翼尖整流罩；
151 左側航行燈；
152 機翼外側波形結構；
153 機翼格窗骨架；
154 波紋狀前緣內表面；
155 前緣翼肋；
156 左側機翼整體油箱艙；
157 引擎掛架固定翼肋；
158 掛架附加接合處；
159 引擎滅火器鋼瓶；
160 推力換向管蓋，處於打開狀態；
161 熱氣噴口；
162 渦扇排氣管；
163 普拉特·惠特尼公司生產的 TF33-P-7型渦輪風扇引擎；
164 飛機引擎艙耐火隔板；
165 引擎附加設備艙；
166 前部渦扇外罩；
167 抽氣機口；
168 進氣口導流葉；
169 進氣口中央整流罩；

170 引擎掛架骨架；
171 纜線管道；
172 內側飛機引擎艙；
173 側面飛機引擎罩，處於打開狀態；
174 飛機引擎罩整體管道；
175 分為二部分的渦扇進氣管道；
176 著陸燈/滑行燈；
177 四輪小車式主起落架；
178 主起落架樞軸；
179 主輪艙門；
180 右側加油口位置；
181 起落架側面整流罩骨架；
182 主起落架回收支杆；
183 起落架上部艙門；
184 中部液壓設備；
185 機翼/機身主結構；
186 翼梁附加接合處；
187 機翼面與中部接合螺栓；
188 機翼根部翼肋；
189 內側油箱；
190 前部翼梁；
191 輔助動力裝置：進氣格窗；
192 輔助動力裝置；
193 輔助動力裝置：排氣管。

C-141A「星」技術說明

主要尺寸

長度：145英尺（44.2米）

高度：39英尺4英寸（11.99米）

翼展：160英尺（48.77米）

機翼面積：3228.1英尺^2（299.901米^2）

動力裝置

四台普拉特・惠特尼公司生產的TF33-P-7A型渦輪風扇引擎，每台推力為21000磅推力（93.4千牛）

重量

空重：136900磅（62097千克）

最大起飛重量：323100磅（146556千克）

性能

24000英尺（7440米）高度最大速度：565英里/小時（909千米/小時）

巡航速度：478英里/小時（769千米/小時）

爬升率：每分鐘7925英尺（2416米）

實用升限：51700英尺（15760米）

最大有效載荷時的航程：4155英里（6685千米）

轉場航程：6575英里（10580千米）

載荷

5名機組成員與面向尾部的138名士兵座椅，124把傘兵座椅，80個擔架與23名服務員；或是最大有效載荷為62717磅（28448千克）軍用貨物

C-141B「星」技術說明

主要尺寸

長度：168英尺3.5英寸（51.29米）

重量

空重：183350磅（69558千克）

性能

爬升率：每分鐘2990英尺（每分鐘911米）

最大有效載荷的航程：3200英里（5150千米）

無載荷且不進行加油時的最大航程：6385英里（10275千米）

載荷

最大載荷：89152磅（40439千克）

洛克希德公司，C-130「大力神」

Lockheed C-130 Hercules

1954年8月，洛克希德公司首批2架YC-130原型機出廠。這架尚未命名的運輸機不僅是為了迎合美國空軍的需求，還被看做是所有美國貨運航空公司的救星。這架「空中卡車」可裝載最多40000磅（18143千克）的物資，而飛虎航空和斯雷克航空使用的DC-6A型運輸機的最大裝載量為32000磅（15515千克）。洛克希德公司的銷售團隊堅信，到1960年美國國內航空貨運業總量將會翻三番，巨大的貨運市場的蛋糕就在前方。

↓從1970年開始，美國海軍的「藍色天使」飛行表演隊裝備了特殊塗裝的C-130F型運輸機以在美國與海外的任務中為表演隊提供支援。C-130F型運輸機於20世紀90年代初被TC-130G型飛機所取代。

在2架YC-130原型機中，進行首飛的是第二架，於1954年8月23日從伯班克升空。正式投產的C-130A則於1955年4月7日在瑪麗埃塔首度試飛。

1956年12月9日，美國空軍接收了首架C-130A運輸機，並將其編入位於俄克拉荷馬州阿德莫爾空軍基地的戰術空軍司令部第463部隊運輸機聯隊。C-130早期型號上機鼻高聳，沿著擋風玻璃側面下垂，機鼻變尖，內部安裝了AN/APN-59型雷達。垂直尾翼的輪廓在頂部以前是呈圓形分佈的，現在則呈方形，從而能夠安裝紅色旋轉防撞燈。對早期型號作出的一個改變是使用了安諾公司的三槳葉螺旋槳。1955年11月26日，第六架C-130A運輸機使用該型螺旋槳首

↑圖為1966年交付給澳大利亞皇家空軍12架C-130E型運輸機中的一架。這架澳大利亞皇家空軍第37中隊的飛機是於1981年在菲律賓的克拉克美國空軍基地被拍攝到的，當時它正在參加「對抗雷」聯合軍事演習。目前，澳大利亞皇家空軍的C-130E型運輸機已被C-130J型所取代。

飛。1957年，洛克希德公司和美國空軍聯合宣佈了C-130B型機的研發。該機集成了更加強大的艾利遜公司T56-A-7A型發動機，能夠提供4050軸馬力（3020千瓦）的動力，內側發動機艙內的機翼油箱容量也得到提升。經過強化機身結構和起落架，使飛機的最大起飛重量達到135000磅（61235千克），超出C-130A的12400磅（56245千克）。

螺旋槳的第二個改變之處是取代了原三槳葉設計，C-130B型運輸機使用了由漢密爾頓標準公司生產的54H60-39型四槳葉液壓自動傳動螺旋槳，長度為13.5英尺（4.17米），從而降低了葉尖速度。很久之後，漢密爾頓標準公司的螺旋槳才在其餘的C-130A上安裝。

1958年9月，首架C-130B型運輸機出廠，並於兩個月後首飛。C-130B的服役生涯一直持續到20世紀90年代，也是唯一沒有安裝外置油箱的機型。

作為洛克希德公司的明星產品，C-130「大力神」系列的最新型號是C-130J型，昵稱「大力神II」型。C-130J是目前最先進的渦輪螺旋槳運輸機，機身沿用了堅固的「大力神」系列機型，整合了最新的航天科技，使飛機性能更強，操控效率更高。

自20世紀50年代起，C-130「大力神」系列運輸機服役至今，其出色的設計令人無法對其進行絲毫的修改。為了滿足客戶的各種需求，先後湧現出一大批不同型號的C-130系列運輸機，在世界各地都能看到它們的身影。然而，時至今天，傳統的C-130運輸機已經很難跟上時代的步伐，到了該為這種全能戰術運輸機尋找繼任者的時候了。

↑遠征中隊的人員登上一架MC-130P進行訓練演習。

→C-130A型運輸機在美國空軍預備役部隊一直服役到20世紀80年代。直到現在，仍有很多國家在使用這種美國空軍的前機型，其中就包括洪都拉斯、墨西哥和秘魯等國。

C-130J的改進

與C-130E型機和C-130H型機相比， C-130J型運輸機所配備的埃利遜AE2100型發動機使其在飛行性能上產生了質的飛躍。

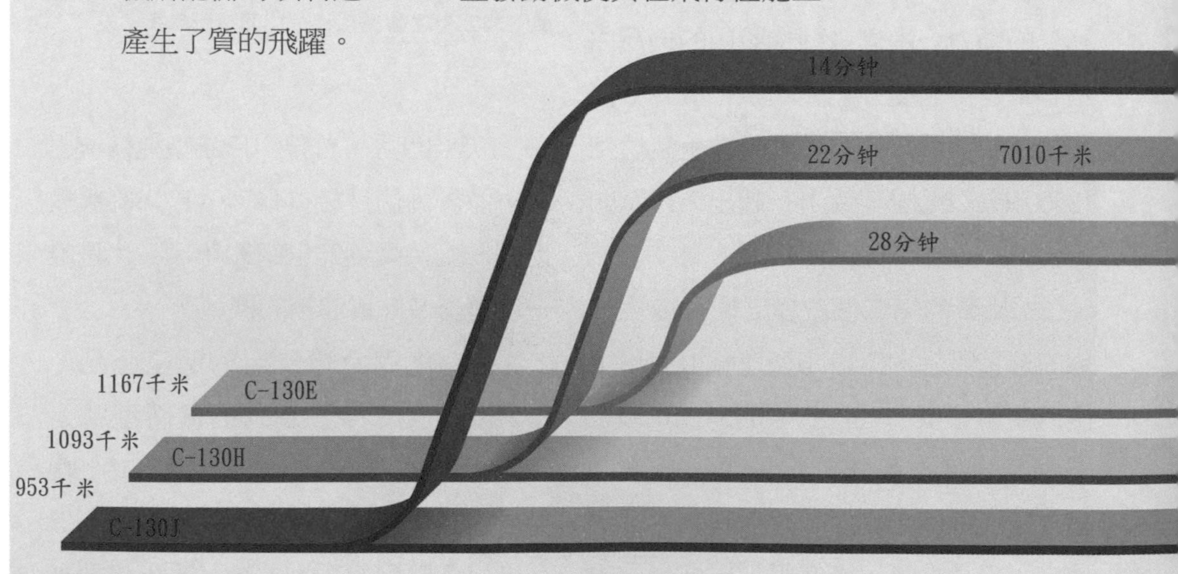

正常起飛的全重70306千克

節省成本

C-130J型運輸機的改進集中在航程、爬坡速率和巡航高度等方面，確保了更好的飛機使用率。以前老式C-130運輸機的運輸工作現在只需較少的飛機就可以完成，這也是洛克希德·馬丁公司在市場推廣時著重強調的。

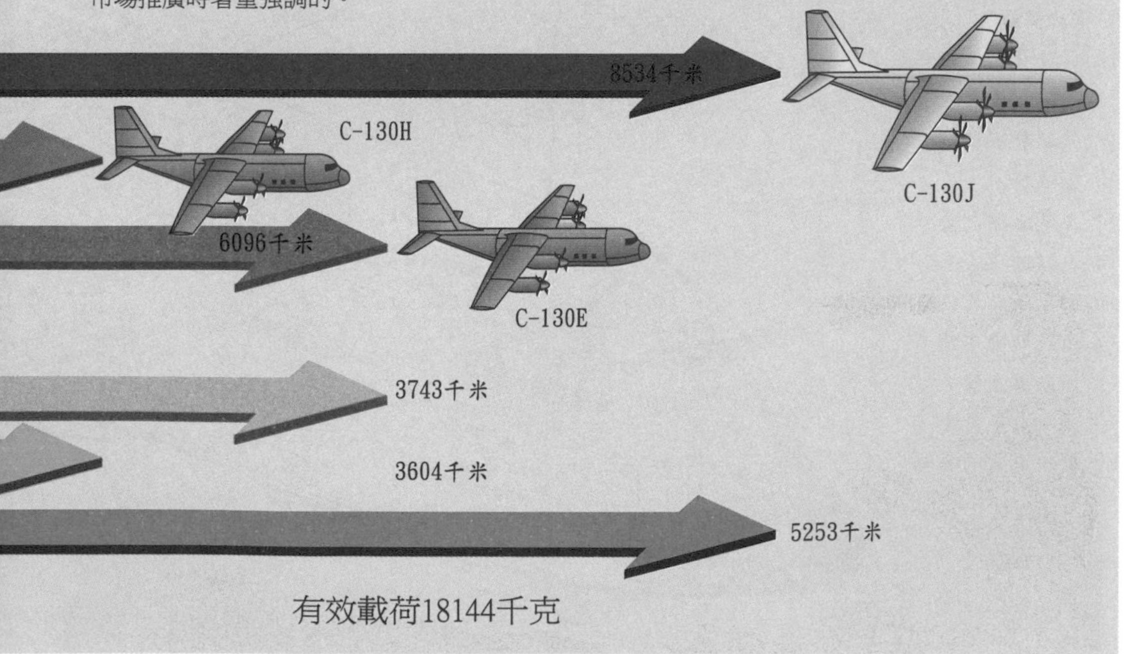

C-130H「大力神」

主要部件剖面圖

1 雷達整流罩；

2 斯佩雷公司AN/APN-59型雷達；

3 外部對講機連接裝置；

4 前起落架前部艙門；

5 雙前輪；

6 蓄能器，左右各一；

7 前部著陸裝置支杆；

8 外部電力插座；

9 電池隔艙；

10 駕駛員側面控制臺；

11 便攜式氧氣瓶；

12 駕駛員座椅；

13 操縱杆；

14 主儀錶控制臺；

15 風擋玻璃；

16 副駕駛員座椅；

17 系統技師座椅；

18 領航員座椅；

19 領航員工作臺；

20 機組成員的床鋪；

21 前部緊急逃逸艙蓋；

22 隔板內的控制驅動；

23 滅火器；

24 機組成員的儲物櫃；

25 廚房；

26 飛行甲板樓梯；

27 機組成員出入口；

28 機組成員登機艙門；

29 下部縱梁；

30 舷窗；

31 貨艙甲板；

32 貨艙甲板支撐結構；

33 士兵座椅；

34 頂部緊急設備；

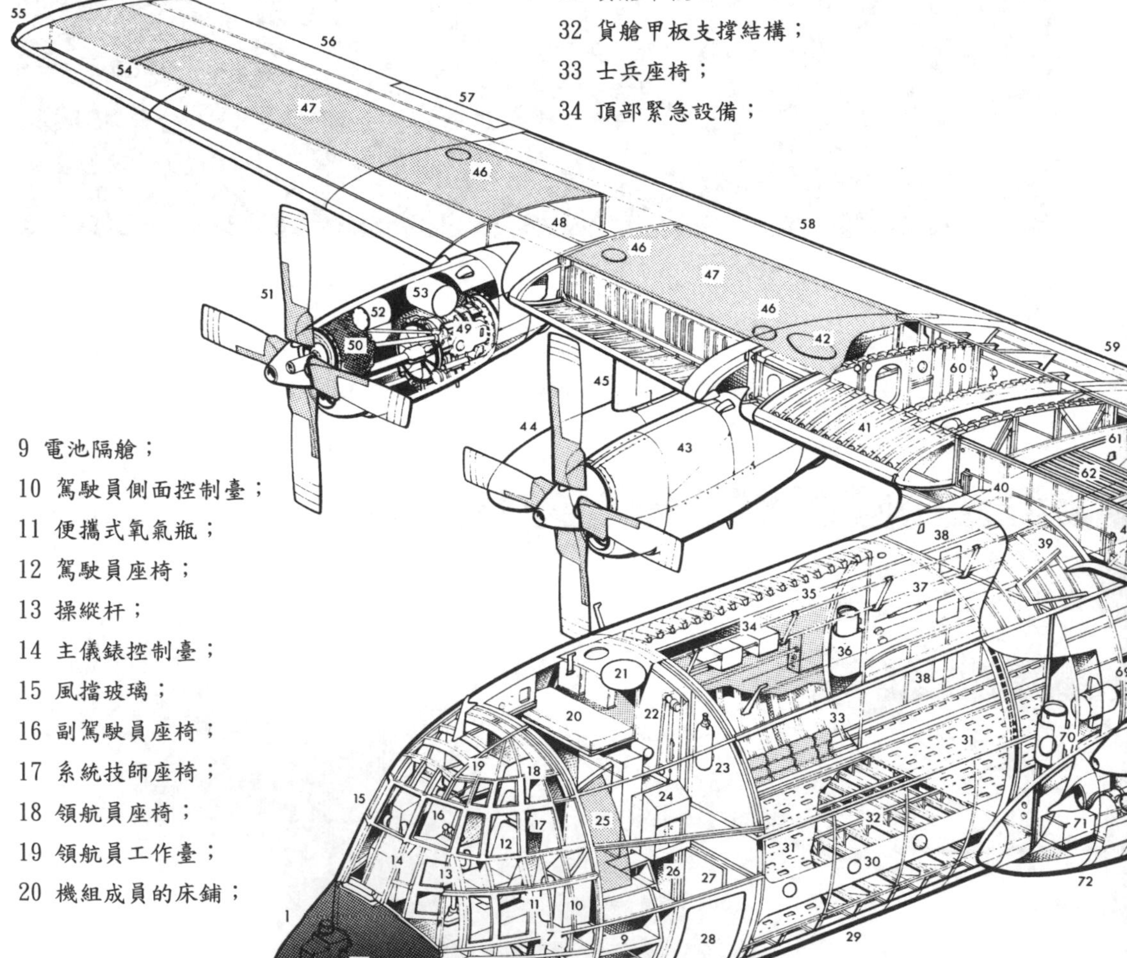

35 機身結構；

36 調壓器液壓系統貯液器與蓄能器；

37 操縱管；

38 右舷主著陸裝置艙；

39 機翼根部結構剛性梁；

40 機身中部接合處；

41 內側前緣骨架；

42 油閥檢查口；

43 飛機引擎艙；

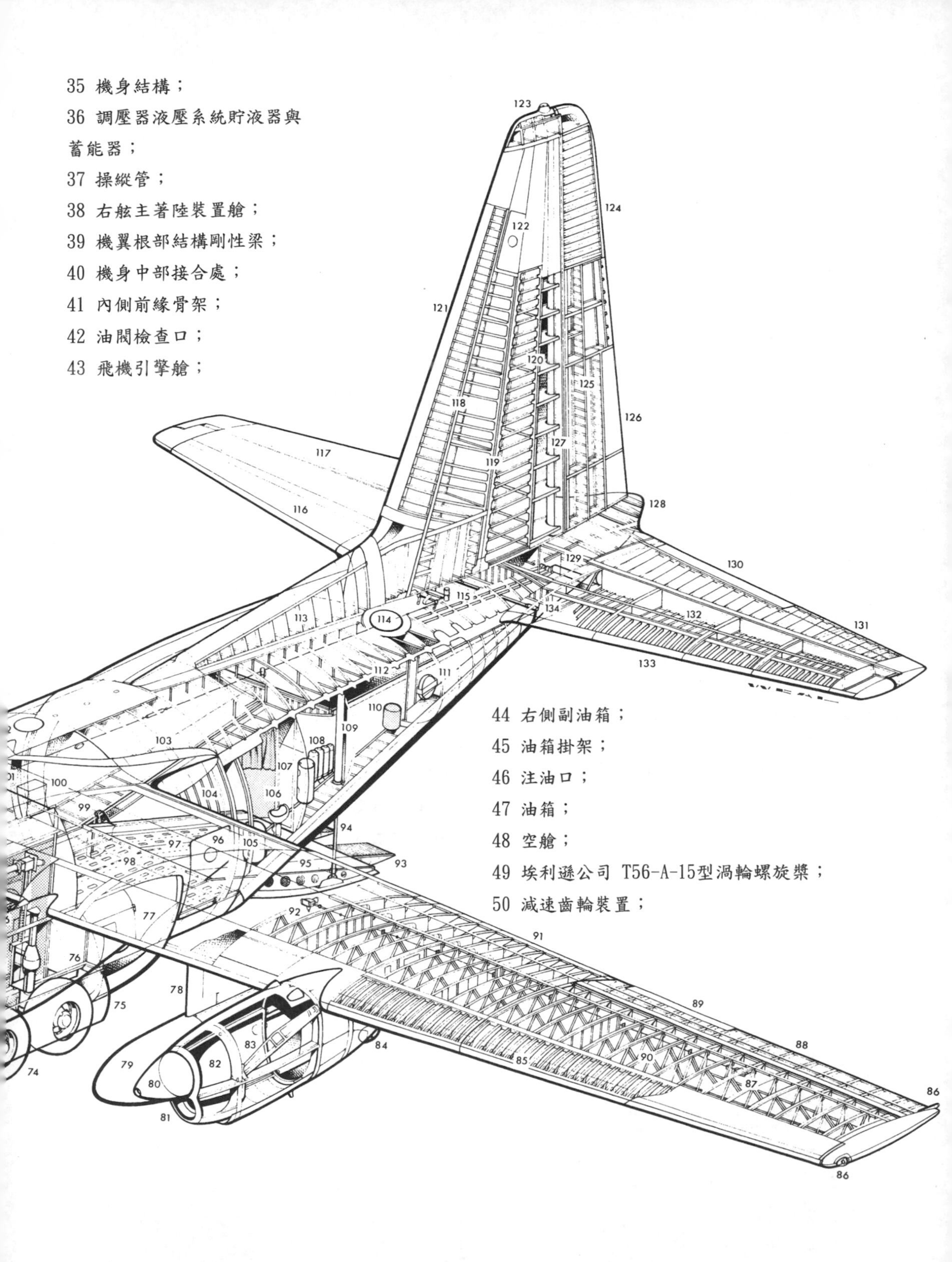

44 右側副油箱；

45 油箱掛架；

46 注油口；

47 油箱；

48 空艙；

49 埃利遜公司 T56-A-15型渦輪螺旋槳；

50 減速齒輪裝置；

51 「漢密爾頓」四槳葉標準螺旋槳推進器；
52 引擎啟動器；
53 引擎燃油箱；
54 機翼通路限定；
55 右側航行燈；
56 右側副翼；
57 副翼配重；
58 機翼外側襟翼；
59 中部襟翼；
60 機翼中部箱梁式骨架；
61 襟翼驅動控制；
62 波紋狀內部結構；
63 副翼控制聯動裝置；
64 左側主著陸裝置艙；
65 液壓制動器；
66 滅火器鋼瓶；
67 主著陸裝置支杆；
68 回收裝置；
69 空氣渦輪機馬達，由燃氣渦輪壓縮機(見71)驅動，提供電力與液壓動力；
70 液壓系統貯液器與蓄能器；
71 燃氣渦輪壓縮機，為引擎的啟動與地面修理提供空氣支持以及驅動空氣渦輪機馬達(見69)；
72 主裝置整流罩；
73 外側艙門前部著陸燈；
74 串列式雙主輪；
75 主著陸裝置外側艙門；
76 艙門內側部分；
77 變流裝置艙門；
78 油箱掛架；
79 左側副油箱；
80 螺槳轂蓋；
81 引擎下額處進氣口；
82 飛機引擎艙骨架；
83 引擎支架；
84 排氣口；
85 外側前緣骨架；
86 左側航行燈；
87 副翼控制傳動曲柄；
88 副翼骨架；
89 副翼配重；
90 機翼外側箱梁式骨架；
91 襟翼骨架；
92 惰輪傳動曲柄；
93 輔助裝載斜板；
94 斜板驅動杆；
95 貨艙斜板（處於放下的位置）；
96 左側傘兵艙門；
97 貨艙斜面甲板；
98 斜板樞軸；
99 斜板驅動機械裝置；
100 貨物箱櫃；
101 右側傘兵艙門；
102 中部緊急逃逸艙蓋；
103 機翼根部整流罩；
104 機身結構；
105 抽水馬桶；
106 小便器；
107 斜板與輔助液壓貯液器；
108 士兵飲水瓶；
109 斜板傳動裝置；
110 輔助液壓系統貯液器；
111 降落傘強制開傘拉繩儲存裝置；
112 貨艙門（向上開啟）；
113 機背垂直尾翼整流罩；
114 後部逃生出口；
115 方向舵推進裝置；
116 右側水平尾翼；
117 右側升降舵；
118 垂直尾翼輔助橫樑；
119 垂直尾翼主樑；
120 垂直尾翼後部橫樑；
121 垂直尾翼前緣；
122 天線；
123 防撞燈；
124 方向舵；

125 方向舵骨架；
126 方向舵配重；
127 方向舵前梁；
128 尾錐；
129 升降舵控制聯動裝置；
130 升降舵配重；
131 升降舵骨架；
132 水平尾翼骨架；
133 水平尾翼前緣；
134 貨艙門後部樞軸。

→圖中所示的是澳大利亞皇家空軍C-130J型運輸機的六槳葉、複合材料螺旋槳，正是這一特徵使得C-130J型機與其前任機型有所區別。

C-130F「大力神」技術說明

主要尺寸
長度：97英尺9英寸（29.79米）
高度：38英尺3英寸（11.66米）
翼展：132英尺7英寸（40.41米）
機翼面積：1745英尺^2（161.12米^2）
機翼展弦比：10.09
平尾翼展：52英尺8英寸（16.05米）
輪距：14英尺3英寸（4.35米）
軸距：32英尺1英寸（9.77米）
動力裝置
四台埃利遜公司T56-A-7型渦輪螺旋槳引擎，每台功率為4050有效馬力（3020有效千瓦）
重量
空重：69300磅（31434千克）
最大起飛重量：135000磅（61236千克）
燃油及載荷
機內燃油：5050美制加侖（19116升）
外掛燃油：2個450美制加侖（1703升）機翼副油箱
最大有效載荷：35700磅（16194千克）
性能
30000英尺（9145米）高度最大速度：321節（370英里/小時；595千米/小時）
海平面最大爬升率：每分鐘2000英尺（610米）
實用升限：34000英尺（10365米）
最大起飛重量時爬升到50英尺（15米）的起飛距離：4300英尺（1311米）
載員
貨艙能載78名士兵（高密度情況可載92名）或64名傘兵，或總共74個擔架。貨艙內部，車輛、火炮、小型直升機與其他各種貨物都能裝載，或者裝載6個貨盤載貨

洛克希德公司，C-5「銀河」

Lockheed C-5

1968年6月30日，C-5A型機首度試飛。在起初的測試中，並沒有什麼麻煩，一切相對順利。然而1969年夏季，在對一架飛機的疲勞測試中，機翼出現裂縫，這就暴露出了「銀河」運輸機的一個重大不足，一個困擾了「銀河」運輸機將近10年的夢魘就此拉開了序幕。為了減重，機翼盒段的設計不得不有所妥協，結果就是「銀河」僅僅可能實現其設計壽命的25%（其設計壽命是30000小時）。這些問題，再加上飆升的造價，令洛克希德公司和美國空軍極其難堪。1969年11月，採購計劃減少到了81架。

為了延長飛機的服役壽命，洛克希德公司將飛機在和平時期的裝載量限制在50000磅（22680千克），還不到飛機最大裝載量的20%。通過加裝副翼主動控制系統，可以有效緩解這些飛行限制，但這也只是權宜之計。1977年，美國空軍咬緊牙關，啟動了「換翼」計劃，確保飛機能夠實現30000小時的設計壽命。

洛克希德公司設計了兩種新型機翼。這兩種機翼都盡可能地使用現有活動控制面，採用了一種全新的鋁合金結構，使機翼強度和抗腐蝕能力大大增加。1981－1987年，共有77架C-5A型機

↓C-5「銀河」運輸機是唯一可以運送大型物資（例如本圖中的美海軍H-53型直升機）到戰區的機型，可以稱得上是美國空軍的無價之寶。

加入了「換翼」項目，耗資超過了15億美元。

20世紀80年代中期，為了滿足美國空軍對重型運輸機的需求，C-5型機生產線重新啟動，有50架擁有全新機翼的C-5B型機被生產出來。與C-5A非常類似，C-5B只是整合了C-5A的經驗，並進行了一些小規模的改動，包括增強型自動飛行控制系統。飛機交付工作從1986年開始，到1989年4月，美國空軍接收了最後一架C-5B型機。

20世紀80和90年代，現役和預備役部隊的C-5A型機和C-5B型機參加了一系列的軍事行動，包括1983年入侵格林納達和1989年入侵巴拿馬，後者代號為「正義事業」。

「銀河」運輸機在災難援助行動中也作出了重大貢獻，將大量重要的醫療物資和援助設備送往災區。「銀河」運輸機參加過的救災行動有1985年墨西哥地震、1988年亞美尼亞地震、1989年「雨果」颶風和1992年的「安德魯」颶風。然而，「銀河」最突出的貢獻還是體現在「沙漠盾牌」和「沙漠風暴」行動中。

海灣戰爭中，大批美軍人員、武

↓美國空軍C-5運輸機目前採用的是美國空中機動司令部的全灰色塗彩方案，圖中這架C-5運輸機隸屬於駐特拉華州多佛空軍基地的第436空運聯隊。

器和設備之所以能夠成功運往沙特阿拉伯，C-5「銀河」運輸機功不可沒。1990年8月至1991年3月17日，美軍戰略運輸機共出動17341次，其中的22.4%是由「銀河」完成的。在此期間，「銀河」共完成運送總量563048噸的貨物中的41.5%和人員的16.8%。

→C-5運輸機的設計目的就是裝載主戰坦克，例如圖中這輛M1「艾布拉姆斯」坦克，或者是運兵直升機。機頭部位可以完全打開，使飛機具備了滾裝運輸能力，極大地減少了物資的裝卸時間。

↓20世紀80年代，C-5運輸機採用了「歐洲1號」迷彩方案。儘管這是個成功的方案，卻使得該機型在炎熱地區出現了內部發熱問題。

↑飛機執行再補給任務的關鍵在於能夠裝載大型和重型設備，且必須具備大航程能力，而空中加油能力使C-5運輸機成為世界上最好的可以完成上述任務的飛機。

C-5B「銀河」技術說明

主要尺寸

長度：247英尺1英寸（75.3米）

高度：65英尺1英寸（19.84米）

翼展：222英尺9英寸（67.89米）

機翼面積：6200英尺^2（576米^2）

動力裝置

4台TF39-1型渦扇發動機，每台功率為4300磅

重量

空重：380000磅（172370千克）

最大起飛重量：840000磅（381000千克）

燃油及載荷

機內燃油：51144美制加侖（193600升）

性能

最大速度：570英里/小時(917千米/小時)

海平面最大爬升率：每分鐘1800英尺（549米）

實用升限：34000英尺 （10360米）

RA-76713

伊留申設計局，伊爾-76
Antonov IL-76

20世紀60年代中期，伊留申設計局開始研製一種全新的四發運輸機，即後來的伊爾-76。到1974年末，伊爾-76的數量基本滿足蘇軍空運部隊的任務需求量，並最終取代了日趨老舊的安-12。如今，伊爾-76M/伊爾-76MD成為俄軍空運部隊的主力機型。該機被設計用於在空降突擊任務中空投人員和裝備，亦用於運輸部隊車輛及其乘員，包括主戰坦克、導彈一體化發射車（運輸/起豎/發射車）、戰術航空部隊的固定翼飛機和直升機、緊急軍用物資、傷兵等。該機型可以運送145名全副武裝的士兵，在安裝可拆卸的上層貨艙板後，人數可以提升到225名。執行空降任務時，該機型可以搭載126名傘兵或三輛BMD-1型步兵戰車。

軍用型的伊爾-76M/MD和商用型的伊爾-76T/TD不論總體設計還是性能表現上都沒有太大的差別。少量差異在於，伊爾-76MD最大載重47噸而伊爾-76TD最大載重50噸。伊爾-76採用了傳統的結構設計方案，採用中後掠角懸

↓塗有第224分遣隊徽標的RA-76713號伊爾-76MD運輸機，該機機組是阿富汗戰爭中的王牌機組。

臂式上單翼，T形尾。四台索洛維耶夫D-30KP渦扇引擎掛裝在機翼下方，發動機艙和引擎採用一體化設計，這種設計使得無需將引擎從機翼上拆下即可完全暴露在外。伊爾-76的駕駛艙、貨艙和機尾炮手艙（軍用型號才有）都是密封的，在機翼中分佈了12個相互獨立的油箱和惰性氣體加壓系統。伊爾-76MD改型增加了載油量，使最大航程有所增長，此外MD型的設計使用壽命也有所提高。在水泥跑道上起飛時，MD型的最大起飛重量從伊爾-76M的170噸提高到190噸，這方面的改進主要來源於MD型更大的燃油攜帶量，從某些程度上來說，伊爾-76MD自重的增加也提升了起飛重量。得益于這些改進，伊爾-76MD在滿載情況下的航程較伊爾-76M提升了近40%。

伊爾-76M/MD裝備有輔助防禦組件，包含雷達告警系統、主動干擾裝置、鋁箔/熱焰彈投射裝置和一座裝備有PRK-4 Krypton（北約代號Box Tail）的火控雷達和雙聯Gsh-23L型23毫米機

↓編號RA-86825的伊爾-76M以英雄城市斯摩棱斯克命名，該機裝備駐紮該地的第103近衛空運航空團。注意其側面突出的電子干擾裝置。

炮的機尾炮塔（現在很多飛機上已經不再裝備機炮了）。伊爾-76M/MD型運輸機的機翼外側可以通過掛點掛裝航空炸彈或是用來給其他飛機標記空投區的空投無線電信標。從載運量上看，伊爾-76MD和美國的洛克希德C-141「運輸星」型運輸機基本處於同一水平，但是後者不能和伊爾-76一樣在簡易戰術機場起降。

到了20世紀80年代中期，伊爾-76佔據了蘇聯空運機隊數量的50%左右，成為空運部隊的主力機型。到1991年（也就是蘇聯解體之時），伊爾-76在空運部隊的裝備量達到了69%。如今不管是從裝備數量還是裝備使用量來說，伊爾-76M/伊爾-76MD都是俄羅斯空軍最主要的運輸機型。俄軍對伊爾-76系列抱有極高的期望，俄羅斯政府甚至讓烏裏揚諾夫斯克的航空之星-SP飛機製造廠研製更換了引擎、加長了機身的伊爾-76MF型（之前所有伊爾-76都是由烏茲別克斯坦的坦什肯特TAPO飛機製造廠所製造的）。除此之外，許多現役的伊爾-76MD都將升級現代化的航電系統和燃油使用效率更高的引擎。

↓編號RA-78842的伊爾-76MD正通過安裝在貨艙頂部的起重機將一輛BMD-2突擊戰車吊裝進貨艙中。

↓俄羅斯的第103近衛獨立空運航空團的編號RA-86833的伊爾-76M以蘇聯著名女飛行員瓦倫蒂娜·格裏茨多波娃的名字命名。

↑第103近衛獨立空運航空團的第三架獨立命名的伊爾-76M，該機編號RA-86875，以該航空團的名字命名。

↑駐紮在斯摩棱斯克謝維爾內空軍基地的第103近衛獨立空運航空團所屬RA-86833「瓦倫蒂娜·格裏茨多波娃」號伊爾-76M。

↑駐紮在塔甘羅格的第708獨立空運航空團所屬RA-76740「塔甘羅格」號伊爾-76MD。

↓駐紮在特維爾米加諾沃空軍基地的第196空運航空團所屬RA-86900「特維爾」號伊爾-76M。

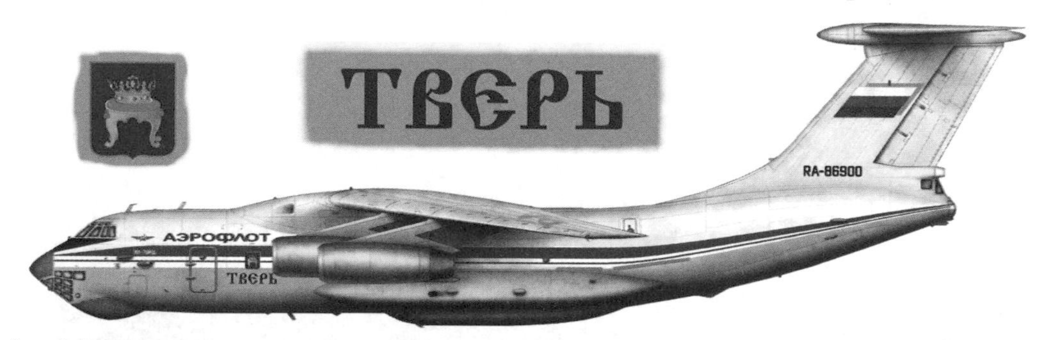

↓駐紮在普斯科夫Kresty空軍基地的第334獨立空運航空團伊爾-76M。

↑一輛在GAZ-66-01式四輪驅動軍用車底盤上改造來的R-142型雷達車正由機尾貨橋開進伊爾-76的貨艙。

伊爾-76A技術說明

主要尺寸

長度：152英尺9英寸（46.59米）

高度：48英尺4英寸（14.76米）

翼展：165英尺7英寸（50.5米）

機翼面積：3230英尺^2（300米^2）

重量

空重：15432磅（70000千克）

最大起飛重量：1374786磅（170000千克）

性能

最大平飛速度：528英里/小時（850千米/小時）

Transall公司，C-160

Transall C-160

C-160運輸機是TRANSALL公司於1959年初開始研製的軍用運輸機。TRANSALL公司是由法國航宇公司、原德國MBB公司和聯合航空技術—福克公司（後併入德國航宇公司）聯合成立的公司，專門負責C-160的研製生產工作。這種運輸機可以運送部隊軍用裝備、軍需品和軍用車輛等，並可以在經過簡單修整過的跑道上起落。

C-160於1963年2月開始試飛，1967年開始交付法、德兩國部隊使用。1976年10月，新型C-160的電子設備經過了改進，加強了機翼，又增加了中翼內的附加油箱。

C-160機艙可容納68名全副武裝的士兵或62副擔架床位。最大貨艙載重量16噸，最大空投重量達8噸，能夠完成3~10米高度的貼地空投任務。

→在總體方面，C-130型「大力神」運輸機（圖中遠景處）與C-160型運輸機非常相似：兩種運輸機都是上單翼佈局；擁有很明顯的機翼翼梁艙；主起落架裝置安置在舷側突出部內；斜向上翹起的海狸式尾部，機尾安裝有貨物跳板和艙門。C-130型「大力神」運輸機安裝有4台引擎，每台功率達到4050 軸馬力（3020 千瓦）；C-160型運輸機則配有2台動力更強的「泰恩」引擎。

↓對於任何戰術運輸機來說，場外作業能力都是必須的。儘管在高速公路上起降更多的是對機組成員的要求而不是對飛機的要求，但是C－160裝備的低壓輪胎還是使得它能夠在多種未經準備的表面進行起降作業。為了提高飛機的起飛和巡航性能，在設計時就為其配備了5250磅（23.34千牛）級的翼下噴氣助推器，但是這一裝備從未在實際中使用過。

↓土耳其擁有一支在構成上與法國類似的戰術空運部隊，在這支部隊中同時擁有C-160和C－130「大力神」以及CN－235型飛機。土耳其的C-160飛機是來自原西德的二手飛機，這些飛機隨同第221中隊一起被部署在圖爾克・哈瓦・庫維特裏。

C-160的設計目的是為了取代北方公司的「諾拉特拉斯」，到目前為止，它能夠獨立滿足德法在戰術運輸方面的需要。

↑↓C-160NG與眾不同之處是，在其座艙上面有一個空中加油探針。

C-160型

主要部件剖面圖

1 固定式空中加油管；

2 雷達整流罩；

3 雷達掃描裝置；

4 氣象雷達搜索天線；

5 座艙前部密封艙壁；

6 電池艙，左右各一；

7 座艙地板；

8 方向舵踏板；

9 操縱杆；

10 儀錶板；

11 儀錶板護罩；

12 風擋玻璃雨刷；

13 風擋玻璃；

14 頂部控制面板；

15 副駕駛員座椅；

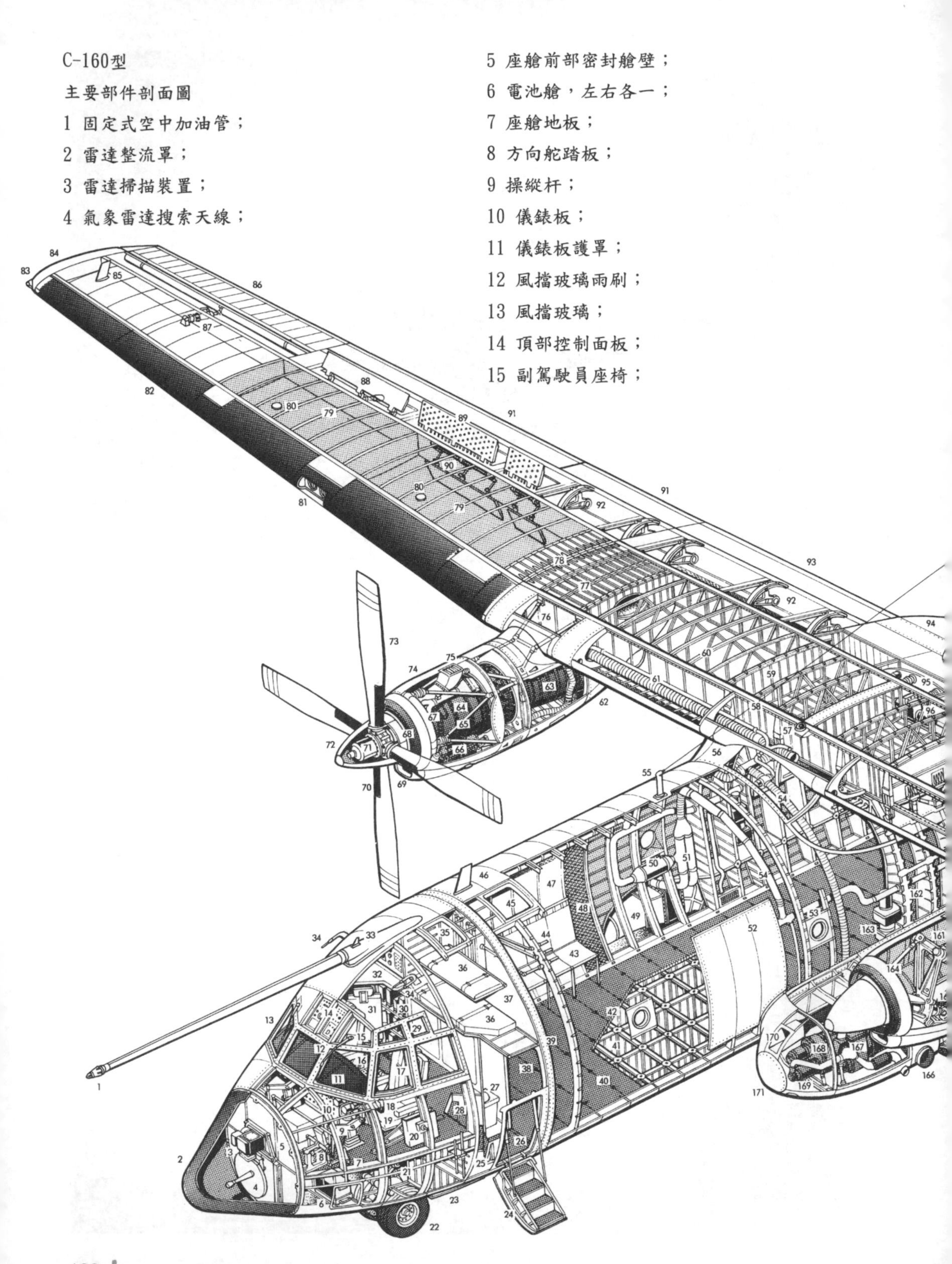

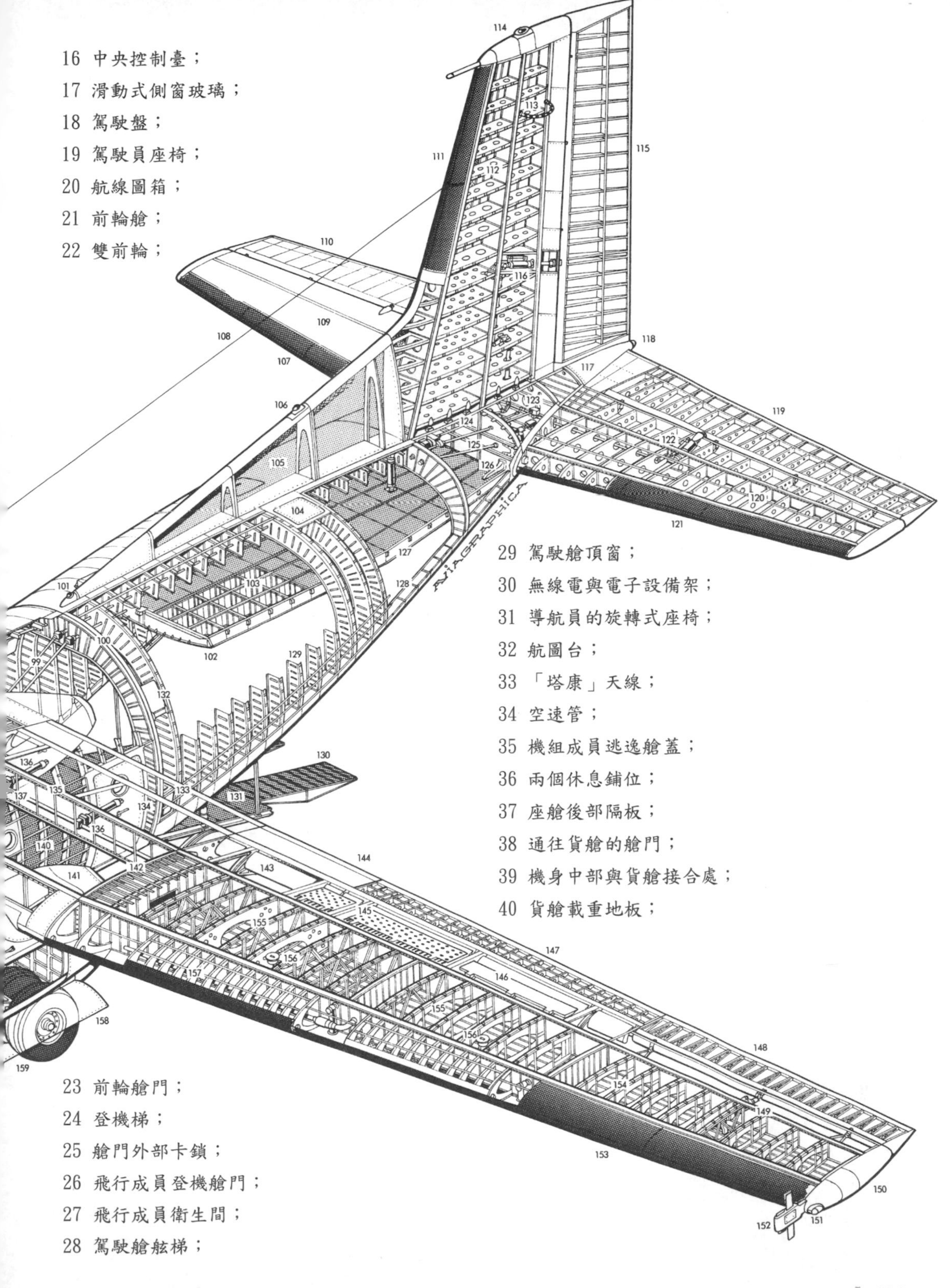

16 中央控制臺；
17 滑動式側窗玻璃；
18 駕駛盤；
19 駕駛員座椅；
20 航線圖箱；
21 前輪艙；
22 雙前輪；
23 前輪艙門；
24 登機梯；
25 艙門外部卡鎖；
26 飛行成員登機艙門；
27 飛行成員衛生間；
28 駕駛艙舷梯；
29 駕駛艙頂窗；
30 無線電與電子設備架；
31 導航員的旋轉式座椅；
32 航圖台；
33 「塔康」天線；
34 空速管；
35 機組成員逃逸艙蓋；
36 兩個休息鋪位；
37 座艙後部隔板；
38 通往貨艙的艙門；
39 機身中部與貨艙接合處；
40 貨艙載重地板；

41 甲板橫樑骨架；
42 蜂窩式甲板結構；
43 折疊式士兵座椅，共93個；
44 控制杆驅動；
45 貨艙逃逸艙蓋；
46 甚高頻天線；
47 貨艙內壁；
48 隔音絕緣板；
49 右側突出部的空氣系統熱交換器；
50 抽水器；
51 空調設備；
52 螺旋槳損害防護加固面板；
53 乘客艙舷窗；
54 空氣系統導管；
55 高頻天線杆；
56 機翼根部整流罩；
57 防撞燈；
58 機翼前部翼梁；
59 機翼加固中部骨架，裝有容量為1980英制加侖（9000升）輔助油箱；
60 機翼格式翼肋；
61 引擎放氣管；
62 右側引擎艙；
63 引擎排氣管；
64 羅爾斯·羅伊斯「泰恩」 RTy.20 Mk22型渦輪螺旋槳引擎；
65 引擎支架支杆；
66 引擎附加單元；
67 7.5英制加侖（34 升）滑油箱；
68 環形引擎進氣口；
69 燃油冷卻器進氣口；
70 螺旋槳推進器槳葉根部除霜裝置；
71 螺旋槳推進器轉變裝置；
72 螺槳轂蓋；
73 四槳葉螺旋槳推進器；
74 分離式飛機引擎罩；
75 引擎放氣口；
76 引擎固定支杆；
77 機翼縱梁；
78 外側機翼表面接合處；
79 右側機翼整體油箱，正常載油量為4190英制加侖（19050升）；
80 燃油加注口；
81 著陸燈/滑行燈；
82 前緣除霜裝置；
83 右側航行燈；
84 翼尖整流罩；
85 甚高頻天線；
86 右側副翼；
87 副翼液壓千斤頂；
88 右側控制擾流板；
89 上下分離式的穿孔減速板；
90 減速板液壓制動器；
91 外側雙縫襟翼段；
92 襟翼導軌；
93 內側雙翼縫襟翼；
94 機翼根部後緣；
95 貨艙加壓閥；
96 中部襟翼驅動裝置與變速箱；
97 右側傘兵艙門；
98 機身電鍍表面；
99 控制杆驅動；
100 中部機身與尾錐接合處；
101 下部編隊燈；
102 後部貨艙門，打開位置；
103 貨艙門結構骨架；
104 尾錐逃逸艙蓋（2個）；
105 垂直尾翼根部邊條；
106 上部編隊燈；
107 水平尾翼前緣除冰裝置；
108 高頻天線；
109 右側水平尾翼；
110 右側升降舵；
111 垂直尾翼前緣除冰裝置；
112 垂直尾翼翼肋骨架；
113 甚高頻全向天線；

114 防撞燈；
115 方向舵骨架；
116 方向舵液壓千斤頂；
117 尾錐；
118 尾部航行燈；
119 左側升降舵骨架；
120 固定水平尾翼骨架；
121 前緣除霜裝置；
122 升降舵液壓千斤頂；
123 方向舵與升降舵控制聯動裝置；
124 垂直尾翼根部附加接合處；
125 垂直尾翼與水平尾翼附加主結構；
126 後部貨艙門鉸接裝置；
127 貨艙門側面卡鎖；
128 機身下部縱梁；
129 尾錐結構骨架；
130 分離式車輛跳板；
131 前部貨艙門兼主裝載跳板，放下位置；
132 後部洗手間水箱；
133 後部抽水馬桶；
134 左側傘兵艙門；
135 機翼後部翼梁；
136 襟翼千斤頂；
137 襟翼驅動軸；
138 機翼與機身附加主翼肋；
139 機翼與機身附加接合處；
140 中部機身結構與翼梁骨架；
141 左側突出部尾部整流罩；
142 機翼外側表面接合處；
143 襟翼葉片；
144 左側雙翼縫襟翼；
145 減速板；
146 左側擾流板；
147 襟翼翼肋骨架；
148 左側副翼骨架；
149 副翼液壓千斤頂；
150 翼尖整流罩；
151 左側航行燈；
152 超高頻天線；
153 機翼前緣除霜裝置；
154 機翼翼肋骨架；
155 左側機翼整體油箱；
156 燃油加注口；
157 前緣翼肋；
158 主輪艙門；
159 串列式雙主輪；
160 左側飛機引擎艙耐火隔板；
161 主著陸架支杆；
162 機翼與機身附加主結構；
163 液壓系統貯液器；
164 左側飛機引擎罩；
165 主著陸裝置液壓收放千斤頂；
166 輔助動力裝置：排氣管；
167 加勒特・愛瑞薩切公司 GTCP-85-160A型輔助動力裝置；
168 輔助動力裝置：驅動附加變速箱；
169 地面動力發電機；
170 輔助動力裝置：進氣口蓋；
171 左側突出部整流罩。

↑C-160NG型運輸機，作為一款體積較小的飛機，比大型飛機的著陸距離短。這對於戰術運輸說明來說至關重要，因為它們必須能夠從敵人封鎖之下緊急佈置的簡易機場降落，並盡可能少暴露在敵人的火力打擊之下。

↑1970年，南非空軍接收了首批9架法國製造的C-160Z型運輸機，同樣是該型飛機出品國的德國則出於政治上的考慮並不願意與南非政府打交道。南非定購這些C-160Z型運輸機，主要是因為美國停止繼續向南非交付C-130型「大力神」運輸機。然而，事實證明，C-160型運輸機在南非空軍中的服役很成功；其中幾架在1993年退役與封存後又重新投入了現役。

↓最初生產的160架C-160中的110架是為德國生產的，50架為法國所有。後來法國又購買了新一代C-160NG，這款飛機增加了油箱數量、空中加油探針和新的航空電子技術。

↑加裝了軟管的C-160NG可以給戰術飛機空中加油。

C-160型（第一代）技術說明

主要尺寸
長度：106英尺3.5英寸（32.40米）
高度：38英尺5英寸（11.65米）
翼展：131英尺3英寸（40.00米）
機翼面積：1723.36英尺^2（160.10米^2）
機翼展弦比：10
平尾翼展：47英尺7英寸（14.50米）
輪距：16英尺9英寸（5.10米）
軸距：34英尺4.5英寸（10.48米）
動力裝置
兩台羅爾斯·羅伊斯「泰恩」RTy.20 Mk22型引擎，每台功率為6100有效馬力（4548有效千瓦）
重量
空重：63400磅（28758千克）
正常起飛重量：97443磅（44200千克）
最大起飛重量：108245磅（49100千克）
燃油及載荷
機內燃油：4359美制加侖（16500升）
最大有效載荷：35273磅（16000千克）
性能
14765英尺（4500米）高度無外掛最大水平速度：333英里/小時（536千米/小時）
18045英尺（5500米）高度最大巡航速度：319英里/小時（513千米/小時）
26245英尺（8000米）高度最大巡航速度：308英里/小時（495千米/小時）
海平面最大爬升率：每分鐘1444英尺（440米）
實用升限：27885英尺（8500米；
最大起飛重量時的起飛距離；2608英尺（795米）
最大起飛重量時爬升到35英尺（10.70米）的起飛距離；3609英尺（1100米）
最大著陸重量時從50英尺（15米）的著陸距離：2100英尺（640米）
最大著陸重量時的著陸距離：1181英尺（360米）
17637磅（8000千克）載荷時的航程：2796英里（4500千米）
35273磅（16000千克）載荷時的航程：734英里（1182千米）

偵察機
Reconnaissance Aircraft

波音公司，RC-135

Boeing RC-135

RC-135V/W「鉚釘」偵察機向戰場和國家級別的用戶提供准實時的現場情報收集、分析和分發能力。

目前的RC-135機群，是官方 C-135飛機（可追溯到1962年）不斷改型的最新版本。RC-135機群最初由空軍戰略司令部使用，用於完成國家委派的情報收集任務，在其服役期間，還參與了美國武裝參與的各大規模武裝衝突，包括越戰、地中海「多拉多峽谷」行動、格林納達「緊急狂暴」行動、巴拿馬「正義事業」 行動、「沙漠盾牌」行動、「沙漠風暴」行動、「持久自由」行動、「伊拉克自由」行動的支援工作。自動20世紀90年代早期開始，RC-135一直在西南亞地區保持軍事存在。

所有的RC-135都屬於空戰司令部。RC-135長期部署在內布拉斯加州奧福特（Offutt）空軍基地，由第55聯隊掌管，部署在全球的各個前沿基地。

→這些年來，KC-135已被改建用於其他工作，從空中指揮所任務到偵察。RC-135被用於特別偵察，而空軍器材司令部的NKC-135A被用於試驗項目。空戰司令部掌管著一架OC-135，用作遵守《開放天空條約》的觀察平臺。

↓儘管來自前蘇聯的威脅已經解除，戰略空軍司令部於1992年被撤銷，現代化的間諜衛星、「聯合星」飛機成為主角，但是RC-135型偵察機還是在美國空軍的偵察機中佔有十分重要的位置。在1999年「聯盟力量」行動期間，RC-135「鉚釘」飛機以米爾登霍爾為基地在前南斯拉夫上空扮演了至關重要的電子戰和空中監視角色。

↓1984年，C-135E編入美國空軍太空司令部。在其生涯早期，該機參加了核武器和太空車跟蹤相關的測試。1972、1973年，該機被改裝為貴賓專屬運輸機，專為美國空軍後勤司令部司令服務。

機身兩側的大型整流罩內裝有扁平天線。這些天線在大頻率範圍內「留心監聽著」各種信號，機上人員對這些信號進行分析。

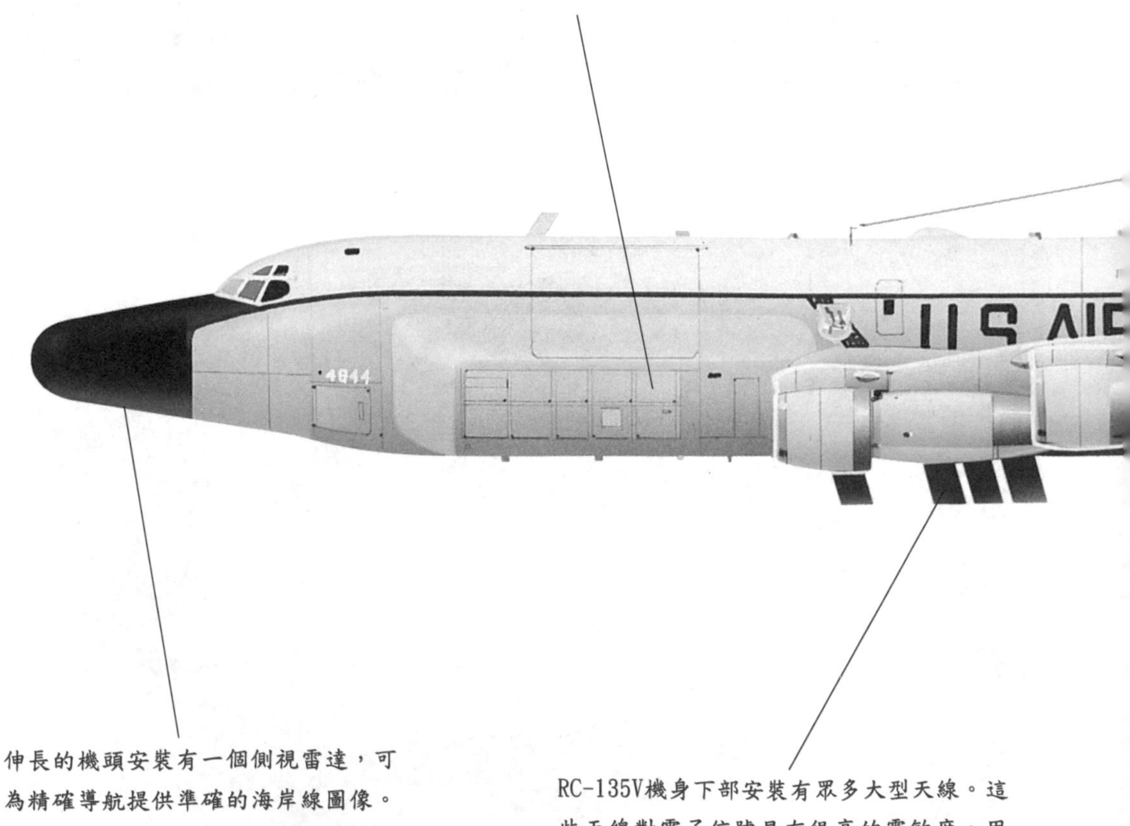

伸長的機頭安裝有一個側視雷達，可為精確導航提供準確的海岸線圖像。這在近距離窺探敵意國領空時，尤為重要。

RC-135V機身下部安裝有眾多大型天線。這些天線對電子信號具有很高的靈敏度，用於接收和記錄雷達和通信信號。

RC-135的機組人員眾多，包括飛行甲板上的兩名飛行員和兩名導航員，以及機艙內的約17名系統操作員。

除了進行高敏感度的「聽」之外，RC-135還能借助於安裝在機背上的衛星通信天線而進行「說」。

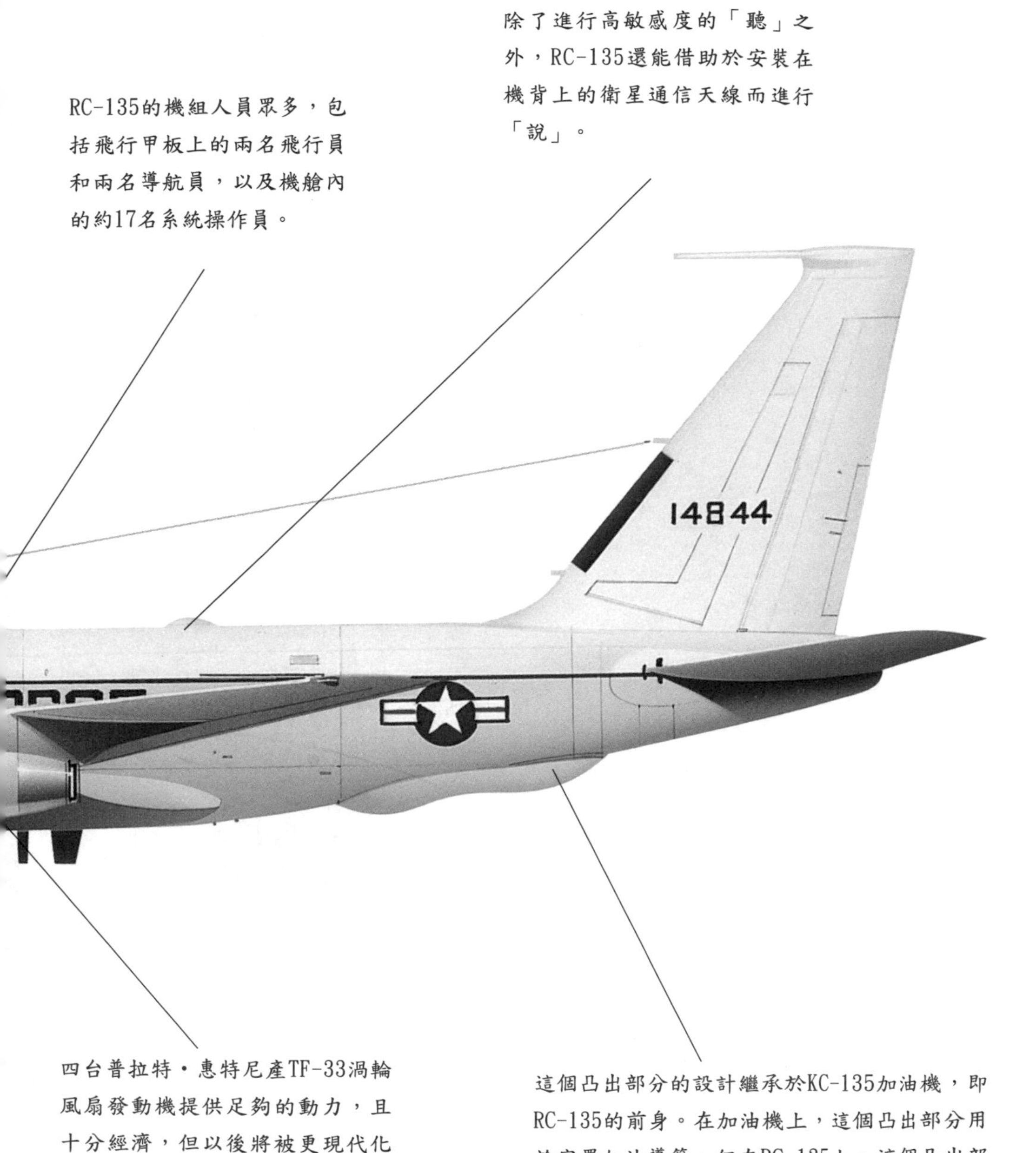

四台普拉特・惠特尼產TF-33渦輪風扇發動機提供足夠的動力，且十分經濟，但以後將被更現代化的發動機取代。導彈預警/干擾裝置常常安裝在發動機上方，用以保護RC-135。

這個凸出部分的設計繼承於KC-135加油機，即RC-135的前身。在加油機上，這個凸出部分用於安置加油導管，但在RC-135上，這個凸出部分內安裝了更多的天線。一些RC-135還在該此處安裝了下視的照相機。

RC-135W

主要部件剖面圖

1 雷達罩；

2 前雷達天線；

3 前壓力艙壁；

4 機腹天線；

5 機頭延長整流罩；

6 機頭艙；

7 座艙地板；

8 飛行員側控制臺面板；

9 方向舵踏板；

10 控制杆；

11 儀錶板；

12 風擋雨刷；

13 風擋玻璃；

14 駕駛艙眉窗；

15 上方系統開關面板；

16 副駕駛座椅；

17 可打開的用於觀察的側窗玻璃；

18 飛行員座椅；

19 安全設備裝載室；

20 航圖標繪桌；

21 導航員儀錶台；

22 空中加油插槽，打開狀態；

23 雙重導航員座椅；

24 可回收的逃生阻流板，收起位置；

25 登機口地板格柵；

26 前起落架輪艙；

27 乘員登機口，打開狀態；

28 可回收的登機梯；

29 雙前輪，向前收起；

30 前起落架樞軸固定點；

31 地板下航空電子設備架；

32 電氣設備架；

33 超編乘員座椅；

34 天體跟蹤窗/天文導航系統；

35 駕駛艙通道；

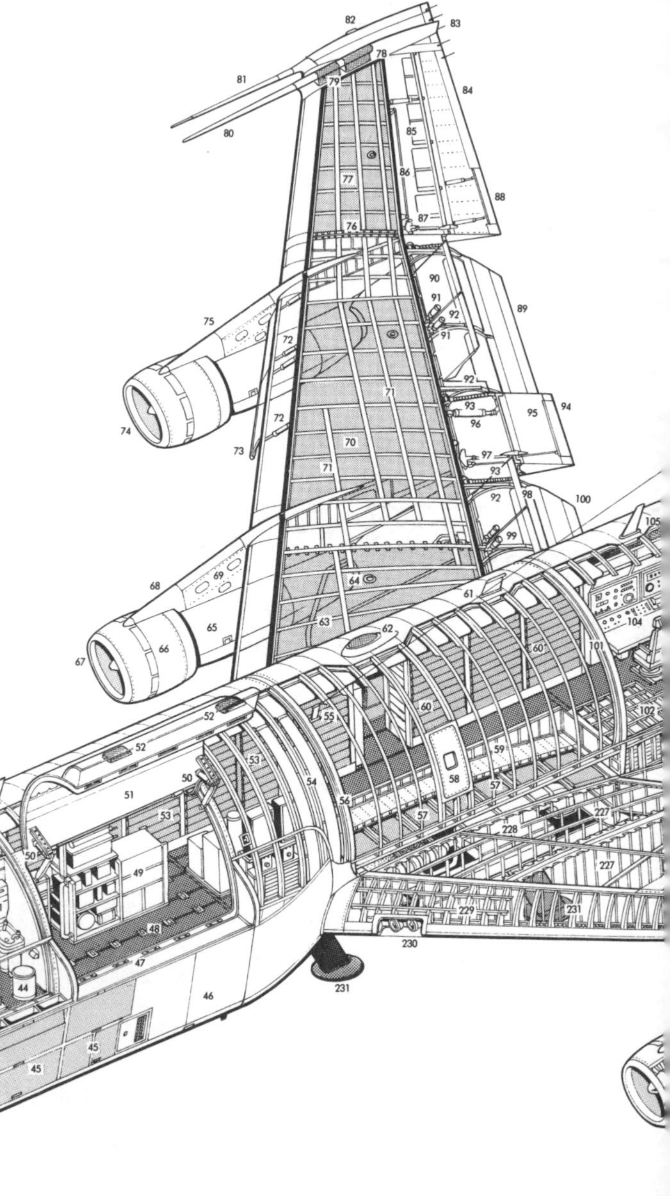

36 斷路器面板；
37 上方空氣分配管；
38 1號特高頻/甚高頻天線；
39 右側航空電子設備架；
40 盥洗室隔間；
41 水加熱器；
42 洗漱盆；
43 儲水箱；
44 盥洗室；
45 側視機載雷達天線板；
46 側視機載雷達設備整流罩；
47 貨物通道，裝載電子設備用；
48 主機艙地板；
49 模塊化設備；

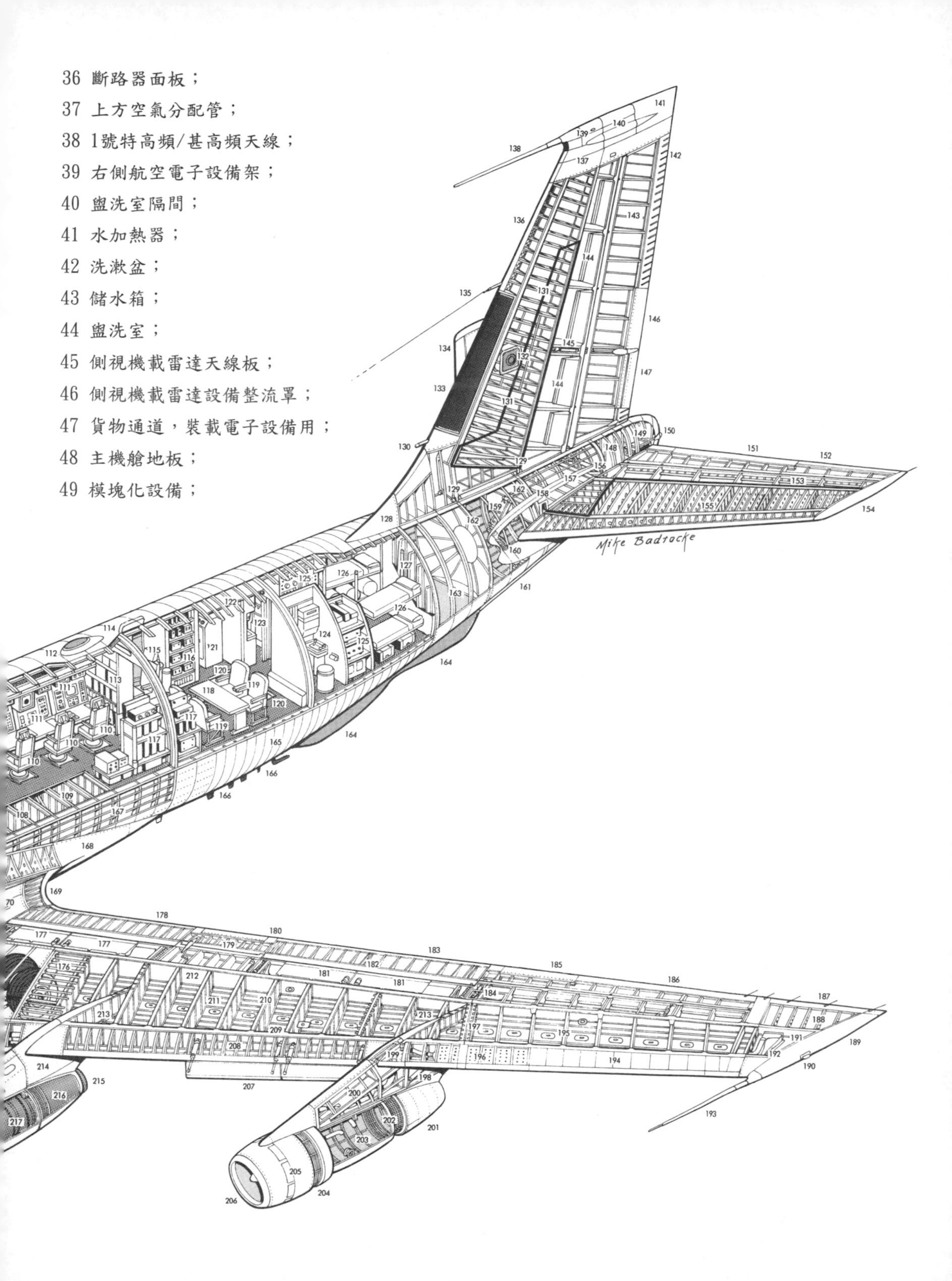

50 貨物裝卸門液壓動作筒和鉸接裝置；
51 貨物裝卸門，打開狀態；
52 自動測向儀天線；
53 電子設備架；
54 空調送風管；
55 通風進氣管；
56 前桁梁機身主結構；
57 中央燃油箱，27656升（7306美制加侖）；
58 機翼上緊急出口，只在左側；
59 地板桁條；
60 AN/ASD-1型航空電子設備架；
61 「塔康」天線；
62 1號衛星導航系統天線；
63 內側機翼燃油箱，8612升（2275美制加侖）；
64 加油口蓋；
65 可拆卸的引擎罩板；
66 3號右側內側引擎艙；
67 進氣口整流罩；
68 引擎機艙掛架；
69 掛架結構檢查口蓋板；
70 機翼內主燃油箱，7850升（2062美制加侖）；
71 燃油通風道；
72 前緣襟翼液壓動作筒；
73 克魯格前緣襟翼，放下位置；
74 4號右側外側引擎機艙；
75 外側引擎機艙掛架；
76 外側機翼連接翼肋；
77 機翼外側燃油箱，1643升（434美制加侖）；
78 高頻天線調諧器；
79 避雷器嵌板；
80 高頻天線柱；
81 機翼上緊急出口，只左側有；
82 右側航行燈；
83 靜電放電器；
84 外側低速副翼；
85 翼內空氣動力補償片；
86 擾流器內部連接裝置；
87 副翼連接控制機械裝置；
88 副翼調整片；
89 外側雙縫富勒式襟翼，放下狀態；
90 外側擾流器，打開；
91 擾流器液壓動作筒；
92 襟翼導軌；
93 襟翼調整動作筒；
94 副翼控制和調整片；
95 內側高速副翼；
96 陣風阻尼器；
97 副翼鉸接控制連接裝置；
98 內側擾流器，打開狀態；
99 擾流器液壓動作筒；
100 內側雙縫富勒式襟翼，放下狀態；
101 後翼梁附屬機身主結構；
102 輪艙上方加壓地板；
103 電子對抗操作員座椅；
104 AN/ASD-1型電子情報系控制臺；
105 2號特高頻/甚高頻天線；
106 機艙隔板；
107 工藝分離面機身主結構；
108 主機艙地板桁條；
109 後地板下油箱，沒有用在信號情報收集飛機上；
110 信號情報操作員座椅；
111 信號情報儀錶和控制臺；
112 2號衛星導航系統天線；
113 QRC-259型超外差式收音機系統控制臺；
114 後機艙緊急出口，維護艙口，只右側有；
115 QRC-259型超外差式收音機系統操作員座椅；
116 航空電子設備架；
117 設備模塊；
118 桌子；
119 乘員休息區座椅；
120 地板下雷達設備艙入口；
121 記錄裝置；

122 後機身閉合結構；
123 廚房；
124 後盥洗室；
125 設備儲存架；
126 換班乘員床位；
127 後壓力艙壁；
128 垂直尾翼邊條；
129 垂直尾翼附屬連接裝置；
130 人造感覺系統壓力感覺器；
131 垂直尾翼翼肋；
132 甚高頻全向無線電信標；
133 高頻凹槽天線；
134 右側水平尾翼；
135 高頻天線電纜；
136 垂直尾翼前緣；
137 垂直尾翼頂部天線整流罩；
138 高頻天線柱；
139 避雷器嵌板；
140 高頻調諧器；
141 遠距離無線電導航系統天線；
142 方向舵固定後緣段；
143 方向舵翼肋；
144 翼內空氣動力補償板；
145 方向舵操縱控制杆；
146 方向舵操縱片；
147 反作用平衡片；
148 尾錐；
149 應急定位信標；
150 機尾航行燈；
151 升降舵片；
152 左側升降舵；
153 升降舵翼內空氣動力補償板；
154 水平尾翼翼尖整流罩；
155 水平尾翼翼肋；
156 全動式可調配平水平尾翼連接裝置；
157 中段貫穿結構；
158 水平尾翼封嚴板；
159 可調配平水平尾翼操縱臂；
160 調整動作筒；
161 燃油噴射管；
162 垂直尾翼連接主結構；
163 後機身燃油箱，信號情報收集飛機無；
164 機腹雷達罩；
165 機身蒙皮；
166 機腹天線陣；
167 機身下部圓形突出部/桁條；
168 機翼翼根後緣整流罩；
169 機翼邊條；
170 襟翼操作調整動作筒；
171 主起落架輪艙；
172 起落架轉向器支柱；
173 液壓回收動作筒；
174 主起落架支柱；
175 起落架樞軸固定點；
176 機翼桁條；
177 左側內側擾流器；
178 內側雙縫襟翼；
179 內側高速副翼；
180 副翼調整片；
181 外側擾流器；
182 襟翼翼肋；
183 外側雙縫襟翼；
184 副翼鉸接控制裝置；
185 副翼調整片；
186 外側低速副翼；
187 靜電放電器；
188 後緣固定段；
189 翼尖整流罩；
190 左側航行燈；
191 燃油系統排氣罐；
192 機腹排氣空氣進口；
193 空速管；
194 前緣蒙皮；
195 外側機翼翼肋；
196 前緣除冰空氣雙蒙皮輸送管；
197 外側機翼連接肋；

198 掛架後承力點；
199 引擎機艙掛架連接裝置；
200 掛架；
201 後部可調排氣罩，打開狀態；
202 推理轉向葉柵；
203 引擎罩；
204 風扇空氣轉向器，打開狀態；
205 壓力開啟彈簧進氣門；
206 1號外側引擎罩；
207 左側前緣克魯格式襟翼，放下位置；
208 前緣前翼肋；
209 前翼梁；
210 機翼翼肋；
211 左側機翼整體油箱；
212 後翼梁；
213 對角線掛架安裝肋；
214 2號引擎安裝掛架；
215 引擎熱噴口；
216 尾噴管；
217 普拉特·惠特尼公司TF33-9型渦輪風扇引擎；
218 引擎附屬設備齒輪箱；
219 主引擎安裝框架；
220 風扇空氣，冷氣流排氣道；
221 引擎滑油箱；
222 壓氣機進氣道；
223 內側引擎機艙掛架；
224 排氣管；
225 4輪小車式主起落架；
226 機翼蒙皮；
227 內側整體油箱；
228 機腹空調設備，左右側；
229 前緣翼肋；
230 起落滑行燈；
231 信號情報天線。

↑這架編號為61-2667的飛機首先是作為一架C-135B而出廠的，1964年其代號變成了WC-135B。後來，它又被E-3「哨兵」的機組成員利用進行空中加油訓練。然後它又被用來執行天氣探測任務，接著又在1989年前往米爾登霍爾空軍基地成為飛行甲板訓練機。調回美國之後，它又成為TC-135B教練機，但是很快又回到了其天氣探測老本行，代號為WC-135W。如圖所示，該機作為一架TC-135B教練機飛行在米爾登霍爾飛行基地上空。

↑在20世紀80年代晚期，RC-135U型飛機一直以米爾登霍爾為基地進行活動。最初進行了一些小規模的現代化改裝，比如，先加裝戰鬥分發系統，後來又安裝了機頭下方天線罩，在前機身下放安裝了第二天線罩，在前機身兩側對稱整流罩上安裝「兔子耳朵」整流罩、角整流罩。這些措施從根本上決定了它的基本作戰樣式。

RC-135V「鉚釘」技術說明

主要尺寸

翼展：130英尺10英寸（39.88米）

機翼面積（較小的副翼）：2313.4英尺^2（255.9米^2）

機翼面積（副翼伸出）：2754.4英尺^2（255.9米^2）

長度：135英尺1英寸（41.17米）

高度：41英尺9英寸（12.73米）

動力裝置

4台普拉特・惠特尼公司TF33-P-9型渦輪風扇引擎，單台功率18000磅（80.07千牛）；更換動力系統之後裝備4台CFM國際公司的F108-CF-100型渦輪風扇引擎，單台功率22000磅（97.86千牛）

重量

最大總重（滑行）：301600磅（136803千克）

性能

總體上類似於KC-135E「同溫層油船」

U.S.ARMY

格魯曼公司，OV-1/RV-1「莫霍克」

Grumman OV-1/RV-1 Mohawk

OV-1D/RV-1是格魯曼公司應美國陸軍的需求於20世紀50年代後期開發的雙座雙發輕型戰場偵察機，多用於前線偵察使用。1959年試飛，1961年服役。OV-1D/RV-1具有短場起降能力和超低空飛行性能，配備有全天候的導航、通信及偵察系統，對地面防空火力也有相當程度的防護能力。OV-1D/RV-1共有A/B/C/D四個型號。

該機可以配備一些武器裝備，如可攜帶各種空對地武器，包括槍榴彈發射器、機槍吊艙和小型導彈等。

「莫霍克」從D型開始安裝紅外偵察和側視雷達，用於執行監聽電子情報任務，是美軍冷戰武器庫中一種重要的飛機。所有OV-1D/RV-1全部於1996年退役。

↓為了評估「莫霍克」扮演武裝偵察和地面支援角色的適宜性，2架OV-1B被改裝為JOV-1A，使其能夠在每個機翼下掛載500磅（227千克）的外部載荷。改裝後的飛機還加裝了駕駛艙機槍瞄準具、機槍開火以及外掛武器投放設備和裝甲板。改裝後飛機可以掛載的武器包括：0.50英寸（12.7毫米）機槍吊艙，2.75英寸（7厘米）和5英寸（12.7厘米）折疊翼航空火箭，250、500以及1000磅（114、227以及454千克）低空投放炸彈和「響尾蛇」空對空導彈。

OV-1D「莫霍克」

主要部件剖面圖

1 外部安裝的機載側視雷達天線整流罩；
2 天線傾斜機械裝置；
3 提升螺杆；
4 側視雷達天線，兩個背靠背安裝；
5 儀錶著陸系統下滑道天線；
6 平板照相機窗口；
7 電子對抗天線；
8 鉸接式機頭錐；
9 前防彈座艙壁；
10 照相機安裝架；
11 KA 60c型前向傾斜式全景照相機；
12 方向舵控制扭矩軸；
13 風擋除冰液儲存箱；
14 前敵我識別天線；
15 數據連接天線；
16 扭矩力臂連接裝置；
17 前起落架減震器支柱；
18 向後回收的前輪；
19 著陸滑行燈；
20 前輪艙門；
21 液壓方向控制裝置；
22 前起落架支柱軸；
23 方向舵踏板；
24 控制杆；
25 飛行員儀錶板；
26 空速管；
27 風擋雨刷；
28 觀察員機載側視雷達控制和顯示面板；
29 風擋防彈玻璃；
30 右側窗/駕駛艙入口，打開狀態；
31 可拋棄的座艙頂艙口；
32 彈射座椅防護面罩釋放手柄；
33 上方系統控制裝置；
34 引擎滅火手柄；
35 觀察員彈射座椅；
36 儀錶板遮蓋罩；
37 中央控制臺；
38 電子對抗控制和顯示裝置；
39 左側窗/入口；
40 飛行員馬丁・貝克Mk J5型彈射座椅；
41 安全帶；
42 突出（下視）的側窗玻璃；
43 緊急開啟手柄；
44 靜壓孔；
45 裝甲座艙地板；
46 踢開式梯子；
47 下登機梯，伸開狀態；
48 控制連接裝置；
49 後防彈座艙壁；
50 熱交換器進氣口；
51 空調裝置；
52 氧氣瓶；
53 滅火器；
54 前航空電子設備艙；
55 座艙頂部入口鉸接點；
56 滑動式遮陽板；
57 冷卻空氣進氣口；
58 天線柱；
59 1號甚高頻/調頻天線；
60 右內側機翼；
61 引擎機艙冷卻進氣口；
62 引擎搬運支柱；
63 埃維科・萊科明公司T53-L-710型渦輪螺旋槳引擎；
64 引擎附屬設備；
65 機腹滑油冷卻器；
66 滑油冷卻器進氣口；
67 引擎壓氣機進氣道；
68 進氣道口除冰裝置；
69 螺旋槳變槳距控制裝置；
70 螺旋槳槳轂整流罩；
71 螺旋槳葉片根除冰裝置；
72 右側150美制加侖（567升）副油箱；
73 漢密爾頓標準3葉式全順槳可逆定速螺旋槳；

74 加油口蓋；

75 右側油箱掛架；

76 可拆卸的引擎罩（滑油箱有裝甲防護）；

77 機翼桁條；

78 副翼控制連接器；

79 機翼蒙皮；

80 前緣氣動除冰帶；

81 雷達告警天線；

82 右側航行燈；

83 翼尖整流罩；

84 副翼質量補償配重；

85 靜電放電器；

86 右側副翼；

87 副翼調整片；

88 彈簧調整片；

89 副油箱尾翼；

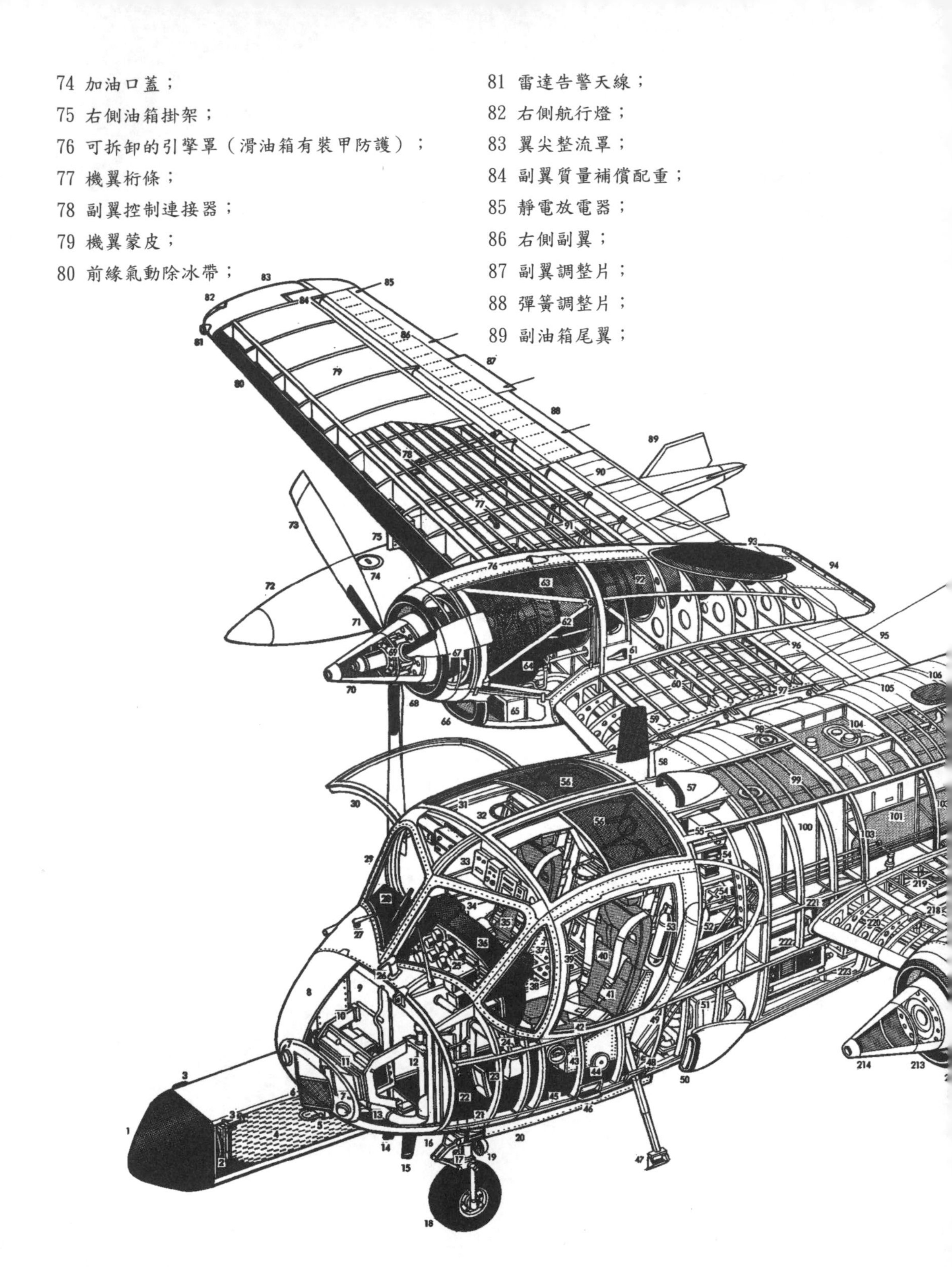

90 內側（低速）下垂式副翼；
91 內側副翼/襟翼內部連接裝置；
92 引擎排氣管；
93 排氣嘴；
94 機尾整流罩冷卻空氣排出百葉窗；
95 右側單片式單縫襟翼；
96 襟翼覆蓋翼肋；

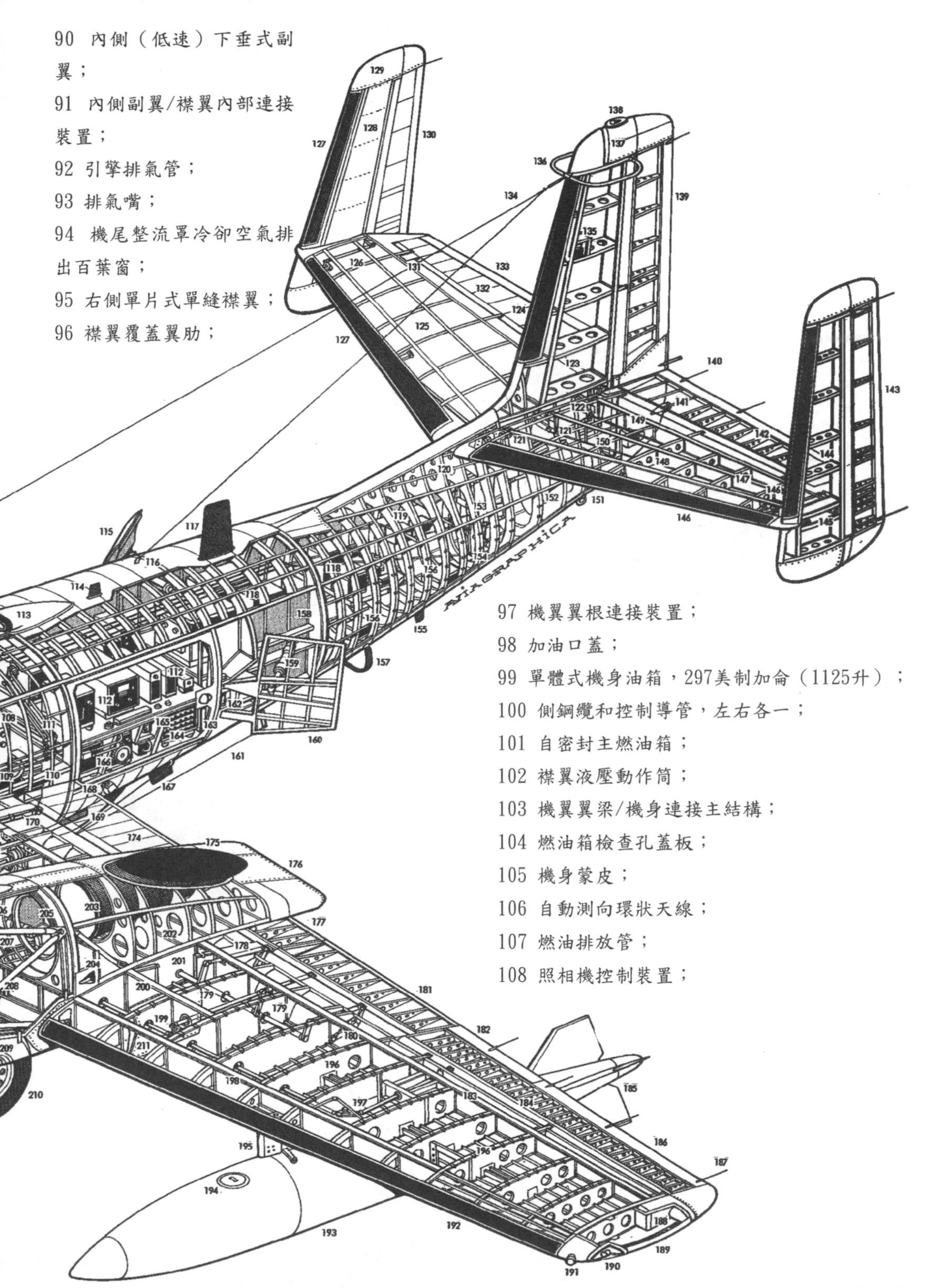

97 機翼翼根連接裝置；
98 加油口蓋；
99 單體式機身油箱，297美制加侖（1125升）；
100 側鋼纜和控制導管，左右各一；
101 自密封主燃油箱；
102 襟翼液壓動作筒；
103 機翼翼梁/機身連接主結構；
104 燃油箱檢查孔蓋板；
105 機身蒙皮；
106 自動測向環狀天線；
107 燃油排放管；
108 照相機控制裝置；

109 KA 76a型垂直照相機；
110 KA 60c型後向傾斜式全景照相機；
111 控制連接器；
112 航空電子設備架；
113 冷卻進氣口；
114「塔康」天線；
115 右側減速板；
116 天線電纜導入口；
117 2號甚高頻/調頻天線；
118 後航空電子設備架；
119 水平尾翼自動駕駛控制裝置；
120 垂直尾翼翼根邊條；
121 水平尾翼連接部件；
122 升降舵鉸接控制裝置；
123 雙翼梁扭矩盒尾翼結構；
124 垂直尾翼前緣氣動除冰帶；
125 右側水平尾翼；
126 外側方向舵內部連接裝置；
127 前緣氣動除冰帶；
128 右側垂直尾翼；
129 方向舵突角補償配重；
130 右側方向舵；
131 方向舵質量補償配重；
132 右側升降舵；
133 升降舵調整片；
134 高頻天線電纜；
135 羅盤磁力閥；
136 甚高頻全向無線電信標天線；
137 中央方向舵質量補償配重；
138 防撞燈；
139 方向舵翼肋；
140 靜電放電器；
141 機尾航行燈；
142 左側升降舵翼肋；
143 左側方向舵；
144 外側水平尾翼翼肋；
145 垂直尾翼/水平尾翼連接部件；
146 前緣氣動除冰帶；
147 水平尾翼翼肋；
148 3翼梁水平尾翼扭矩盒；
149 後敵我識別天線；
150 方向舵扭矩軸；
151 機尾機腹緩衝器/系留點；
152 水平尾翼連接主結構；
153 後機身和縱梁；
154 機身下龍骨；
155 下方「塔康」天線；
156 雷達高度儀天線；
157 調頻導航天線；
158 左側減速板槽；
159 液壓動作筒；
160 左側減速板；
161 自動測向天線；
162 減速板鉸接點；
163 設備艙檢查門，左右側；
164 電氣系統設備；
165 地面電源接口；
166 電池；
167 機腹甚高頻/特高頻天線；
168 照相機設備光傳感器；
169 浮標天線；
170 左側襟翼操縱杆；
171 短翼；
172 後翼梁螺栓連接裝置；
173 主起落架樞軸固定點；
174 左側單縫襟翼；
175 左側引擎排氣嘴；
176 引擎機艙尾部整流罩；
177 襟翼翼肋；
178 外側襟翼操縱杆；
179 襟翼/下垂式副翼內部連接裝置；
180 擺動連接襟翼/副翼鉸接部件；
181 左側低速下垂副翼；
182 副翼調整片；
183 後翼梁；
184 副翼翼肋；

185 副油箱尾翼；
186 左側副翼；
187 靜電放電器；
188 副翼質量補償配重；
189 翼尖整流罩；
190 左側航行燈；
191 雷達告警天線；
192 前緣除冰帶；
193 左側150美制加侖（567升）副油箱；
194 加油口蓋板；
195 左側油箱掛架；
196 機翼翼肋；
197 副翼控制連接裝置；
198 前翼梁；
199 副翼內部連接裝置；
200 中央輔助翼梁；
201 主起落架輪艙；
202 引擎機艙；
203 左側引擎排氣管；
204 引擎排氣進氣口；
205 後引擎安裝主框架；
206 主起落架液壓回收動作筒；
207 側斷路器支柱；
208 引擎搬運支柱；
209 向下打開的引擎罩；
210 左側主輪；
211 主輪艙門；
212 滑油冷卻器進氣口；
213 引擎進氣道；
214 左側螺旋槳將轂整流罩；
215 引擎罩鼻環；
216 前引擎安裝環；
217 引擎滑油箱，2.5美制加侖（9.50升）；
218 螺栓式前/中翼梁連接部件；
219 副翼自動駕駛控制裝置；
220 前緣引擎控制導槽；
221 機載側視雷達信號接收機（可與詢問應答接收機互換）；
222 機載側視雷達信號處理器（可與詢問應答記錄器互換）；
223 機腹設備艙檢查門。

OV－1D「莫霍克」技術說明

主要尺寸
翼展：48英尺（14.63米）
機翼面積：360英尺^2（33.45米^2）
長度（包括機載側視雷達吊艙）：44英尺11英寸（13.69米）
高度：13英尺（3.96米）
動力裝置
兩台萊科明公司T53-L-710型渦輪螺旋槳引擎，單台功率1400馬力（1044千瓦）
重量
空重：11757磅（5333千克）
載荷：15741磅（7140千克）
最大載荷：18109磅（8214千克）
機翼負載*：43.7磅/英尺^2（213.5千克/米^2）
動力負載*：5.6磅/軸馬力（2.6千克/軸馬力）
性能
最大速度：5000英尺（1525米）高度，305海里/時（491千米/時）
巡航速度：207海里/時（333千米/時）
爬升率：3618英尺/分；18米/秒
實用升限：25000英尺（7620米）
最大航程：1010英里（1625米）

*機翼和動力負載是以正常載荷和最大起飛動力為標準計算出的

洛克希德公司，SR-71「黑鳥」

Lockheed SR-71 Blackbird

SR-71的研製工作始於1959年。當時由洛克希德公司專門負責高級開發計劃的副總裁克拉倫斯·L.約翰遜帶隊，設計一種徹底超越洛克希德U-2的新飛機，執行戰略偵察任務。該項目稱為A-12，這種新飛機是在絕密條件下研製的，最終在洛克希德公司伯班克工廠（即所謂的「臭鼬工廠」）的一個嚴格限制人員進出的廠房中成型。1964年夏天，當該計劃浮出水面時，該型機已經生產了7架。此時，A-12已經開始在愛德華茲空軍基地進行各種測試，在70000英尺高空的飛行速度超過2000英里/小時。早期試飛還為了檢驗A-12是否適合作為遠程截擊機。1964年9月，試驗型截擊機改型在愛德華茲空軍基地與公眾見面，稱為YF-12A。

YF-12A只生產了兩架，之後截擊機計劃被取消了。但是戰略偵察型得以繼續發展，1964年12月22日，SR-71A原型機首飛。第一架飛機交給了戰略空軍司令部。1966年1月7日，一架SR-71B雙座教練型（編號61-7957）交付加利福尼亞州比爾空軍基地第4200戰略偵察聯隊（SRW）。第4200戰略偵察聯隊組建於1965年，當第一架SR-71交付時，被選

↓洛克希德公司的SR-71「黑鳥」飛機毋庸置疑是迄今為止給人們留下最深刻印象的軍用噴氣式飛機。目前的官方記錄表明，自從「黑鳥」服役開始直到它退役後12年的1990年，SR-71一直都是世界上飛行速度最快的噴氣式飛機。「黑鳥」總是執行一些高度機密的偵察任務，在超過20年的時間裏，通過它的傳感器系統收集到的資料曾經用於幫助美國政府制定外交政策。

中的機組成員已經在諾斯羅普T-38上進行了複雜的訓練。同樣是在一年前，即1965年7月，8架T-38到達比爾空軍基地。

1966年6月25日，SR-71仍在交付之中，第4200戰略偵察聯隊改稱第9戰略偵察聯隊，下轄第1和第99戰略偵察中隊。1968年春天，由於U-2在「薩姆」導彈的威脅下日益脆弱，美國決定在沖繩島嘉手納空軍基地部署4架SR-71，專門負責偵察東南亞地區。這一次部署被稱為「巨達」，是一次長達70天的臨時任務，機組成員在比爾和嘉手納之間來回換班。飛機則留在原地，並在此逐步形成了第9戰略偵察聯隊第1分遣隊。1968年4月，SR-71第一次前往越南執行任務，此後每週都要執行此類任務3次。

↑SR-71「黑鳥」飛行高度達到30000米，最大速度達到3.5倍音速。因此SR-71比現有絕大多數戰鬥機和防空導彈都要飛得高、飛得快，出入敵國領空如入無人之境。

↑SR-71是第一種成功突破「熱障」的實用型噴氣式飛機。SR-71起飛時通常只帶少量油料，在爬高到巡航高度後再進行空中加油。

↓SR-71A是由YF-12發展而來的戰略偵察機，也是「黑鳥」家族中生產架數最多的一種型號。

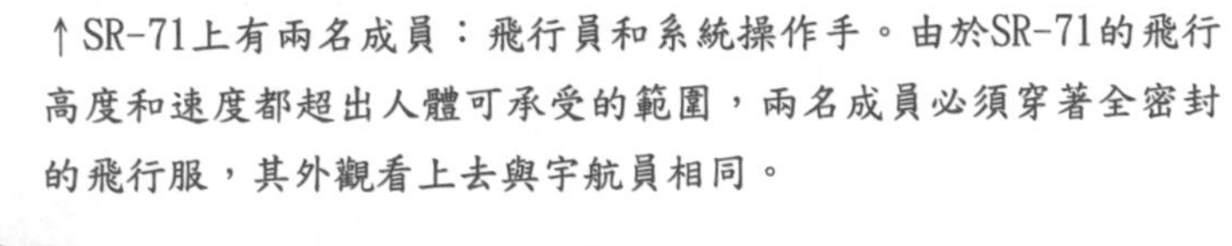

↑SR-71上有兩名成員：飛行員和系統操作手。由於SR-71的飛行高度和速度都超出人體可承受的範圍，兩名成員必須穿著全密封的飛行服，其外觀看上去與宇航員相同。

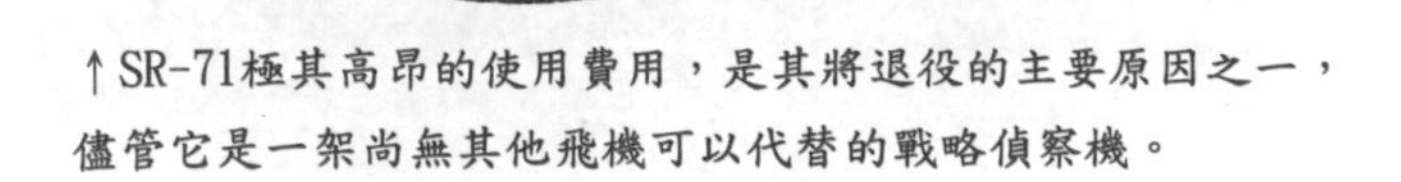

↑SR-71極其高昂的使用費用，是其將退役的主要原因之一，儘管它是一架尚無其他飛機可以代替的戰略偵察機。

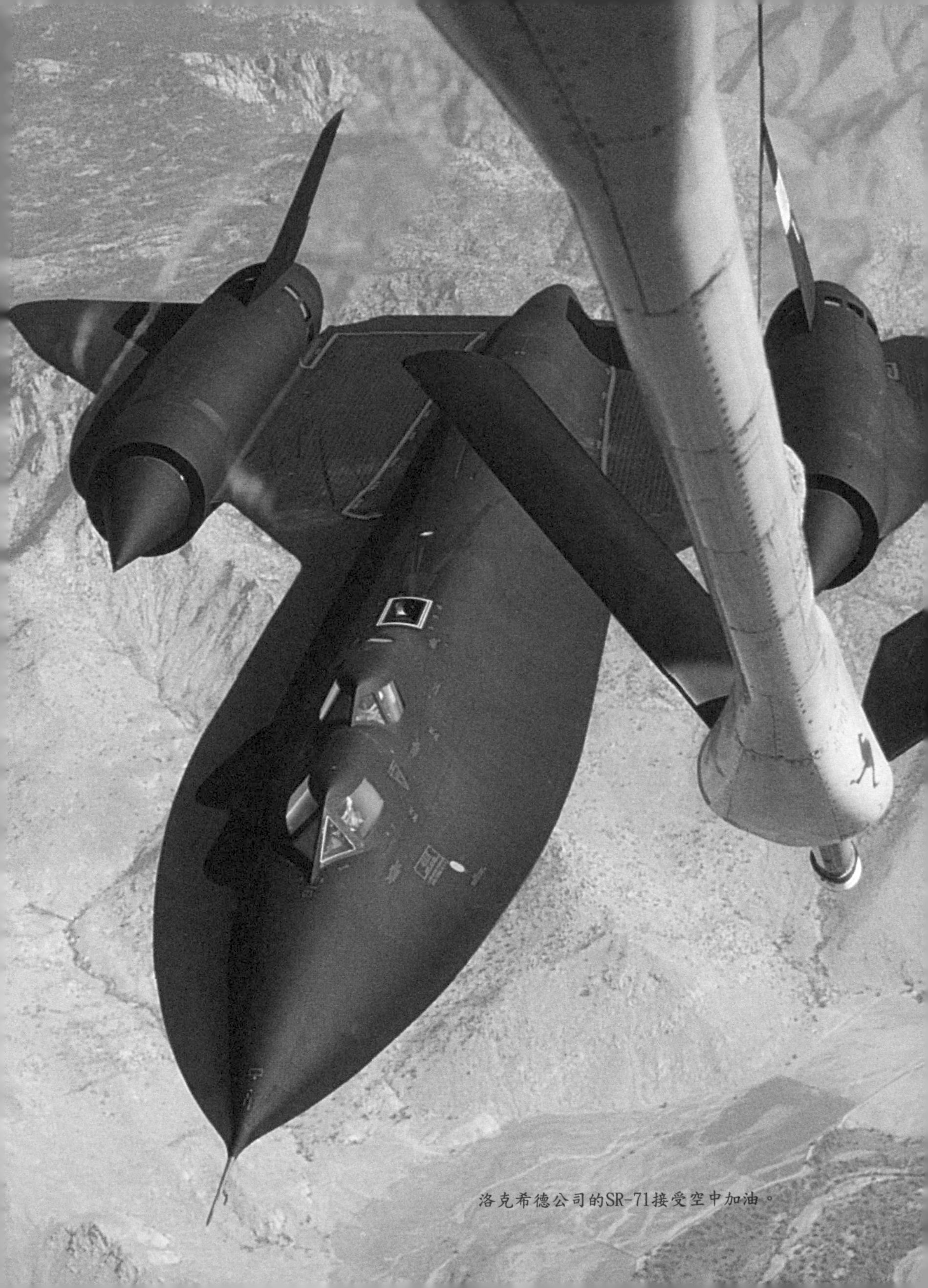

洛克希德公司的SR-71接受空中加油。

SR-71「黑鳥」

主要部件剖面圖

1 空速管；

2 空氣數據探針；

3 雷達告警天線；

4 機頭任務設備艙；

5 全景照相機開口；

6 可拆卸頭錐連接結構；

7 座艙前密封艙壁；

8 方向舵踏板；

9 控制杆；

10 儀錶板；

11 儀錶板遮蓋罩；

12 刀刃式風擋；

13 向上打開的座艙蓋；

14 彈射座椅頭枕；

15 座艙蓋制動器；

16 洛克希德公司飛行員F-1型0-0彈射座椅；

17 引擎油門控制杆；

18 側控制臺面板；

19 機身龍骨閉和裝置；

20 液氧儲存器；

21 側控制臺面板；

22 偵察系統軍官儀錶顯示器；

23 座艙後密封艙壁；

24 洛克希德公司偵察系統軍官F-1型0-0彈射座椅；

25 座艙蓋鉸接點；

26 SR-71B型雙座教練機機頭外形；

27 位置較高的教官座艙；

28 天文慣性導航天體追蹤器；

29 導航和通信系統電子設備；

30 前輪艙；

31 前起落架樞軸固定點；

32 著陸和滑行燈；

33 雙前輪，向前收起；

34 液壓回收動作筒；

35 座艙環境系統設備艙；

36 空中加油口，打開狀態；

37 機身上龍骨；

38 前機身；

39 前機身整體油箱；

40 集裝運載托架，可互換的偵察設備模塊組件；

41 機身邊條；

42 前/中機身連接環；

43 中機身整體油箱，12 219美制加侖（46 254升）；

44 「貝塔」B.120鈦合金蒙皮；

45 波狀機翼蒙皮；

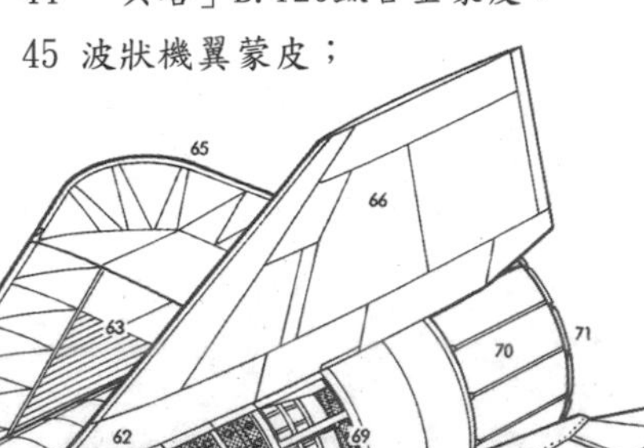

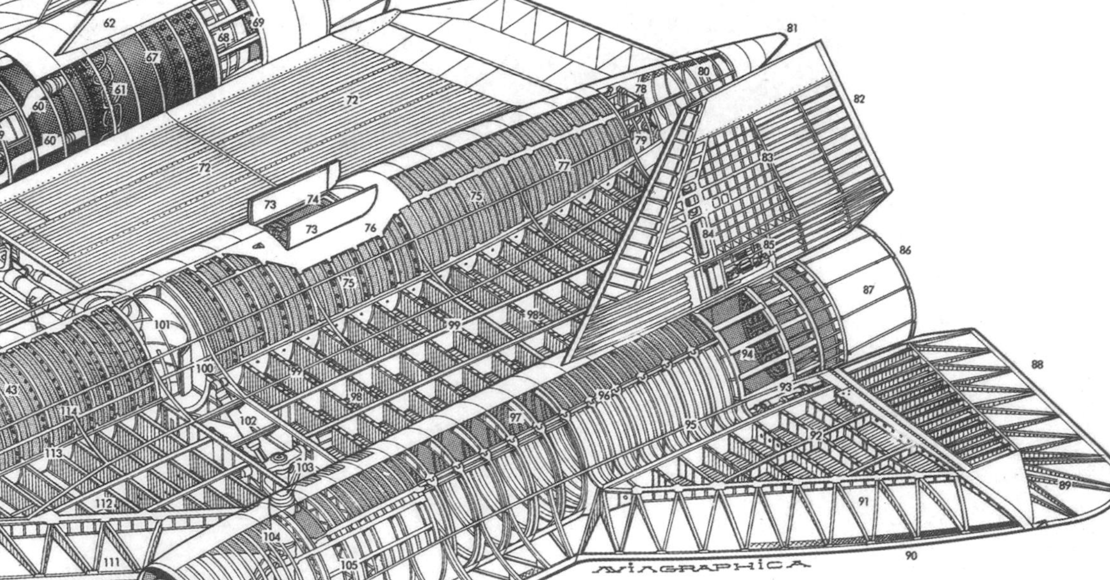

46 右側主起落架，收起位置；

47 進氣道中段排氣百葉窗；

48 旁路進氣道百葉窗；

49 右側引擎進氣道；

50 進氣道整流錐；

51 進氣道整流錐收回位置（高速飛行位置）；

52 附面層排氣孔；

53 進氣道自動控制系統空氣數據探針；

54 擴散器；

55 可調進氣口導板；

56 鉸接式引擎罩/外側機翼；

57 普拉特・惠特尼公司JT11D-20B型引擎；

58 引擎附屬設備；

59 輔助進氣門；

60 壓氣機放氣旁門；

61 加力燃燒室燃油歧管；

62 垂直尾翼固定翼根；

63 右外側機翼；

64 下拱形前緣；

65 外側滾轉控制升降副翼；

66 全動式垂直尾翼；

67 連續工作加力燃燒室；

68 加力燃燒室噴嘴；

69 引擎艙第三風門片；

70 尾噴管噴射器調整瓣；

71 變截面尾噴管；

72 右側機翼整體油箱艙；

73 減速傘艙門，打開狀態；

74 帶式快速減速傘；

75 後機身整體油箱；

76 雙層蒙皮；

77 後機身結構；
78 升降副翼混合裝置；
79 內側升降副翼扭矩控制裝置；
80 尾錐；
81 燃油通氣管；
82 左側全動垂直尾翼；
83 垂直尾翼翼肋；
84 扭矩軸鉸接框架；
85 垂直尾翼液壓制動器；
86 左側引擎排氣噴嘴；
87 噴口調節片；
88 左外側升降副翼；
89 升降副翼鈦合金翼肋；
90 下方拱形前緣；
91 前緣對角線翼肋；
92 鈦合金外側機翼板；
93 外側升降副翼液壓動作筒；
94 引擎艙第三風門片；
95 引擎機艙/整體式外側機翼板；
96 引擎罩/機翼板鉸接軸；
97 左側引擎艙環狀結構；
98 內側機翼板整體油箱；
99 多翼梁鈦合金機翼；
100 主起落架輪艙；
101 輪艙熱防護套；
102 液壓回收動作筒；
103 主起落架樞軸固定點；
104 主輪支柱；
105 進氣道；
106 外機翼板/引擎機艙邊條；
107 3輪小車式主起落架，向內側收起；
108 左側引擎進氣道；
109 可移動的進氣道整流錐；
110 進氣道整流錐；
111 內側前緣對角線翼肋；
112 機翼內部整體油箱；
113 翼根/機身連接根部翼肋；
114 鈦合金大坡度機身結構。

↓SR-71主要的光學探測器是兩台焦距為48英寸的照相機，能夠航拍飛行路徑（飛行距離在1544～3000千米）兩側的地形。機頭的光學相機用於拍攝敵方邊境縱深的全景傾斜圖像。有了這種光學相機，SR-71可以拍攝2735～5421千米的狹長地帶。在正常飛行高度上使用1種以上的照相系統，1架SR-71可以在1小時內拍攝155340平方千米的區域。

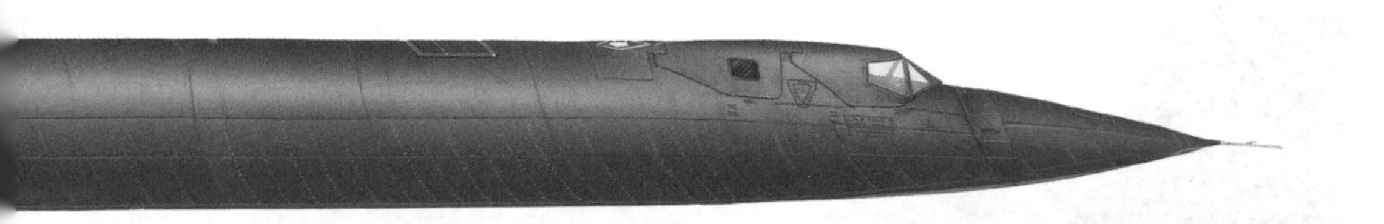

SR-71A「黑鳥」技術說明

主要尺寸

淨長度：103英尺10英寸（31.65米）

淨長度（包括空速管）：107英尺5英寸（32.74米）

翼展：55英尺7英寸（16.94米）

機翼面積：1605英尺²（149.10米²）

全動式垂直尾翼面積：70.2英尺²（6.52米²）

高度：18英尺6英寸（5.64米）

輪距：16英尺8英寸（5.08米）

輪軸距：37英尺10英寸（11.53米）

動力裝置

兩台普拉特·惠特尼公司J58型加力燃燒排氣渦輪噴氣引擎，單台推力（打開加力燃燒室）32500磅（144.57千牛）

重量

空重：67500磅（30617千克）

最大起飛重量：172000磅（78017千克）

燃油與載荷

總燃油量：12219美制加侖（46254千克）

內部傳感器裝載量（近似值）：2770磅（1256千克）

性能

設計最大速度：80000英尺高度（24385米）速度3.2～3.5馬赫（受風擋結構整體性限制）

最大速度：80000英尺高度（24385米）速度3.35馬赫

最大巡航速度：80000英尺高度（24385米）高度3.35馬赫

最大持續巡航速度：80000英尺高度（24385米）高度3.2馬赫或者近似于2100英里/時（3380千米/時）

最大升限（近似值）：100000英尺（30480米）

作戰升限：85000英尺（25908米）

在總重140000磅（63503千克）情況下起飛滑跑距離：5400英尺（1646米）

最大著陸重量情況下著陸滑跑距離：3600英尺（1097米）

航程

3.0馬赫最大不加油航程：3250英里（5230千米）

作戰半徑（典型）：1200英里（1931千米）

3.0馬赫不加油最長續航時間：1小時30分

BB
084

洛克希德公司，U-2

Lockheed U-2

1954年3月，洛克希德公司首席設計師克拉倫斯・L.約翰遜提議為美國空軍設計一種高空偵察機，因為朝鮮戰爭證明當時美國現有的偵察機在對方上空的生存概率很低。這就是後人所知的洛克希德CL-282，在F-104「星戰士」機身和機尾的設計基礎上，安裝大展弦比機翼。

1954年12月9日，中央情報局（CIA）授予了洛克希德公司一份研發合同，名為「感光板計劃」，CIA提供機身經費，美國空軍提供發動機經費。原型機是在絕密條件下製造的，由洛克希德公司高級開發計劃辦公室伯班克工廠（即所謂的「臭鼬工廠」）工程部負責。「臭鼬工廠」這一名字起源于《李・艾伯納》動畫片中的角色，他在一個簡陋的棚屋內利用臭鼬、舊靴子和其他手邊的東西釀造「基卡普啤酒」。1943年開始使用這個名字，當時XP-80的設計工作在伯班克工廠一個由發動機木箱和馬戲團帳篷臨時搭建的車間內進行，附近有一個臭氣熏天的塑料工廠。

飛機最初被稱作中央情報局341號物品，就像一架安裝了噴氣發動機的滑翔機——機身修長，長錐形機翼，高高的垂尾和方向舵。

1955年8月，U-2首飛，很快就接到

↓美國航空航天局在默菲特機場利用ER-2型飛機進行高空實驗工作，他們早期也曾使用過U-2C型飛機。圖中近景的這架飛機裝有高空大氣樣品收集設備。

了52架的生產訂單。1956年U-2開始飛越蘇聯和華約組織國家領空。1960年5月1日，當時中央情報局的飛行員弗朗西斯・G.鮑爾斯駕駛的飛機在斯維爾德洛夫斯克附近被蘇聯的SA-2導彈擊落。1962年古巴導彈危機時期，U-2開始飛越古巴上空，1架被擊落。1965～1966年，U-2還出現在了北越上空。U-2R是最後一款U-2改型，但是1978年美國重啟U-2生產線，生產了29架由U-2R發展而來的TR-1A戰場監視飛機。90年代，所有的TR-1A改稱U-2R。

↓當最後一架F-106「三角標槍」從美國空軍退役之後，U-2R就成為美國空軍現役飛機中唯一使用普拉特・惠特尼公司J57型引擎的飛機。就像20世紀50年代的U-2A型飛機一樣，U-2R也存在著機身限制問題。而解決這一問題的答案就是換裝通用電氣公司的F118型引擎（與B-2採用的引擎類似）。1989年5月23日，一架實驗飛機進行了首飛。儘管這次實驗的結果被給予了高度的評價，但是直到1994年第一架生產型的U-2S才首次升空。F118型引擎被安裝在了機身的中部，並通過一條長長的管道與尾噴管相連。這種引擎在其作戰高度能產生比較小的推力，此時U-2的巡航速度比失速速度大不了多少。

↑克拉倫斯・傑克遜曾是最有名的飛機設計師之一。他曾負責設計U-2系列、F-104「星斗士」和SR-71「黑鳥」。照片中，他站在一架美國宇航局的ER-2前面，這是U-2R的一個特殊型號。

↑U-2巨大的機翼能將其帶到極高的地方，在那裏機上的傳感器能夠從數英里以外窺探軍事禁區。得益于機上的雷達、照相機或電子傳感器，沒有什麼東西能夠逃出U-2R的眼睛。

↑U-2R機身上方安裝了「高級跨度」吊艙。該系統可以通過衛星數據鏈將機載「高級玻璃」信號情報（SIGINT）套件收集的情報數據發送出去，曾在前南斯拉夫的作戰行動中使用過。

U-2R/TR-1A

主要部件剖面圖

1 機頭雷達罩；

2 雷達冷卻進氣口；

3 休斯公司先進合成孔徑雷達系統天線；

4 雷達系統設備模塊；

5 可互換的機頭部分安裝艙壁；

6 航空電子設備艙；

7 空速管；

8 下視潛望鏡/偏流計；

9 前密封艙壁；

10 儀錶板；

11 風擋玻璃；

12 座艙罩，向左側開啟；

13 座艙紫外線防護層；

14 後視鏡；

15 座艙緊開啟放裝置；

16 飛行員零-零彈射座椅；

17 傾斜式後密封艙壁；

18 照相情報系統；

19 光學縫隙式全景攝影機；

20 設備空調進氣口；

21 Q艙任務設備隔艙；

22 天文慣性導航系統設備；

23 衛星天線；

24 E艙航空電子設備隔艙；

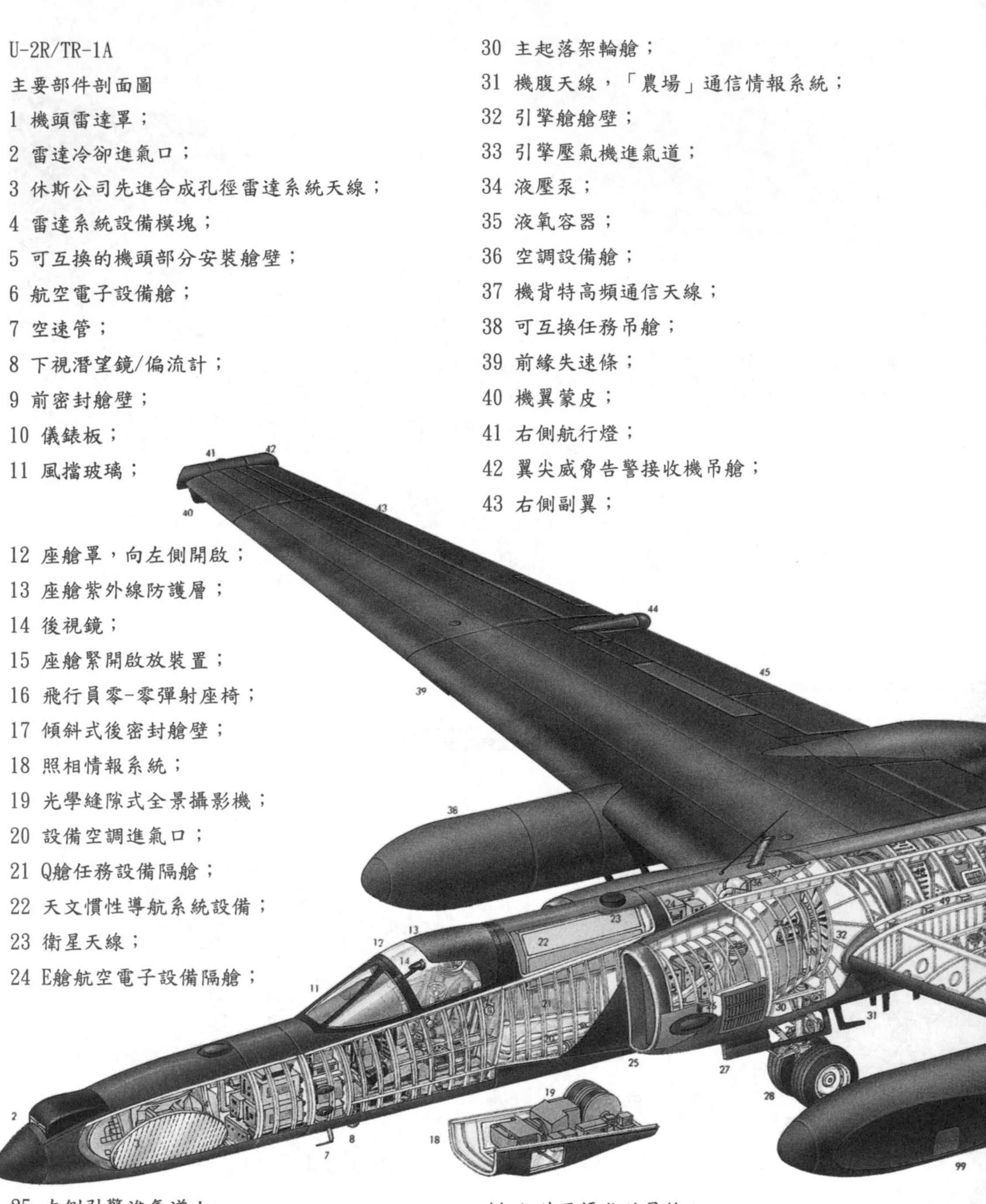

25 左側引擎進氣道；

26 進氣道空氣溢出管；

27 主輪艙門；

28 雙主輪向前收起；

29 著陸/滑行燈；

30 主起落架輪艙；

31 機腹天線，「農場」通信情報系統；

32 引擎艙艙壁；

33 引擎壓氣機進氣道；

34 液壓泵；

35 液氧容器；

36 空調設備艙；

37 機背特高頻通信天線；

38 可互換任務吊艙；

39 前緣失速條；

40 機翼蒙皮；

41 右側航行燈；

42 翼尖威脅告警接收機吊艙；

43 右側副翼；

44 紅外干擾欺騙吊艙；

45 右側平板襟翼，內側、外側兩段；

46 設備吊艙尾部整流罩；

47 防撞燈；

48 引擎滑油箱；

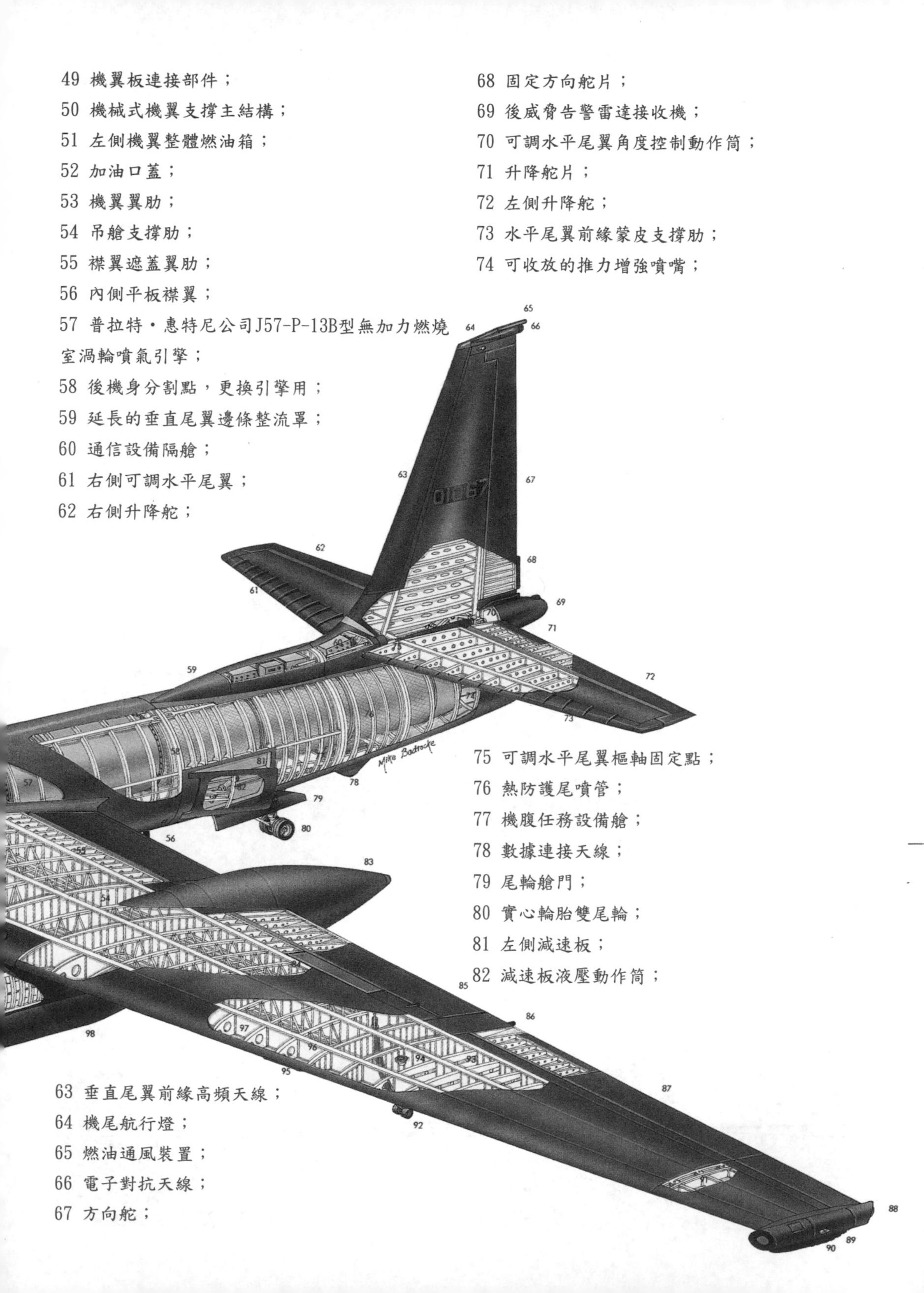

49 機翼板連接部件；

50 機械式機翼支撐主結構；

51 左側機翼整體燃油箱；

52 加油口蓋；

53 機翼翼肋；

54 吊艙支撐肋；

55 襟翼遮蓋翼肋；

56 內側平板襟翼；

57 普拉特·惠特尼公司J57-P-13B型無加力燃燒室渦輪噴氣引擎；

58 後機身分割點，更換引擎用；

59 延長的垂直尾翼邊條整流罩；

60 通信設備隔艙；

61 右側可調水平尾翼；

62 右側升降舵；

63 垂直尾翼前緣高頻天線；

64 機尾航行燈；

65 燃油通風裝置；

66 電子對抗天線；

67 方向舵；

68 固定方向舵片；

69 後威脅告警雷達接收機；

70 可調水平尾翼角度控制動作筒；

71 升降舵片；

72 左側升降舵；

73 水平尾翼前緣蒙皮支撐肋；

74 可收放的推力增強噴嘴；

75 可調水平尾翼樞軸固定點；

76 熱防護尾噴管；

77 機腹任務設備艙；

78 數據連接天線；

79 尾輪艙門；

80 實心輪胎雙尾輪；

81 左側減速板；

82 減速板液壓動作筒；

83 左側設備吊艙尾部整流罩；
84 擾流器/升降裝置；
85 外側平板襟翼；
86 燃油排放管；
87 左側副翼；
88 翼尖威脅告警接收機吊艙；
89 左側航行燈；
90 耐磨翼尖蒙皮；
91 人工折疊翼尖鉸接點；
92 左側可拆卸的翼下起落架；
93 機翼板外側整體燃油箱；
94 加油口蓋；
95 前緣失速條；
96 3翼梁機翼扭矩盒；
97 前緣整體燃油箱；
98 機腹「獨木舟」天線——電子情報接收器；
99 外側電子情報天線。

→洛克希德公司高空偵察機U-2R是冷戰中最負盛名的偵察機在應用了微型芯片技術後的改進機型。人們很容易從巨大的類似於滑翔機的機翼認出U-2R。這種不同尋常的飛機被塗成黑色，由那些穿著宇航員式壓力服的飛行員駕駛，能夠在空中停留數小時，而且比絕大多數飛機都要飛得更高。U-2通過機上的照相機和電子傳感器收集情報。

↓U-2經常被看成是一個帶著噴氣式發動機的巨大的滑翔機。它不僅可以像滑翔機一樣在空中翩翩起舞，而且著陸也需要很高的駕駛技巧。另一名駕駛員坐在U-2後座上，協助飛行員駕機。

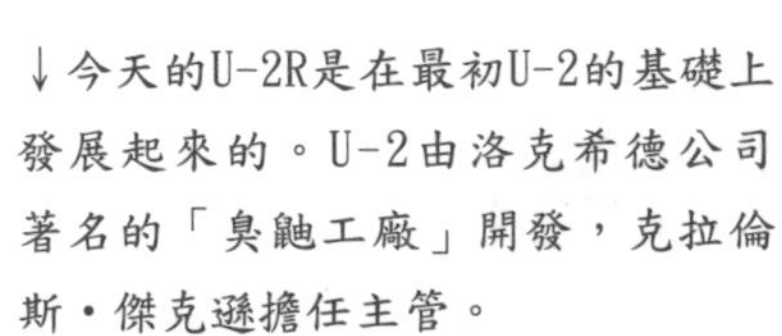
↓今天的U-2R是在最初U-2的基礎上發展起來的。U-2由洛克希德公司著名的「臭鼬工廠」開發，克拉倫斯·傑克遜擔任主管。

U－2R技術說明

主要尺寸	性能
長度：62英尺9英寸（19.13米）	最大速度：0.8馬赫
高度：16英尺（4.88米）	70000英尺（21335米）高度最大巡航速度：大於430英里/時（692千米/時）
翼展：103英尺（31.39米）	海平面最大爬升率：大約5000英尺（1525米）/分
機翼展弦比：10.6	爬升時間：爬升至65000英尺（24385米）用時35分鐘
機翼面積：大約1000英尺^2（92.90米^2）	起飛滑跑：最大起飛重量，大約650英尺（198米）
動力裝置	著陸滑跑：最大著陸重量，大約2500英尺（762米）
一台普拉特・惠特尼公司J75-P-138型渦輪噴氣引擎，推力17000磅（75.62千牛）	航程
重量與載荷	最大航程：大約6250英里（10060千米）
基本空重（無動力系統和設備吊艙）：10000磅（4536千克）	最大續航時間：12小時
作戰空重：大約15500磅（7031千克）	
最大起飛重量：41300磅（18733千克）	
燃油載量：76498磅（3469千克）	
傳感器裝載量：3000磅（1361千克）	

NE
156641
USS RANGER

北美飛機製造公司，RA-5C「民團團員」

North American RA-5C Vigilante

RA-5C遠程偵察機是從A-5型飛機中的A3J-3P改型而來的，這是一個多傳感器偵察平臺，是美國海軍綜合運作情報系統（艦載或岸基自動實時信息處理）的機載部分。RA-5C型飛機的設計是：拆除了炸彈艙，從而攜帶額外的航空燃油；一個巨大的「側視機載雷達」順著機腹安裝在整流裝置裏面，一排令人印象深刻的照相機和電子情報傳感器組成了當時最全面的偵察系統。RA-5C型飛機大約交付了55架，另外的53架由A3J-1型飛機改裝而來。這種性能優異的飛機於1964年6月開始裝備美國海軍第5偵察攻擊機中隊，從在東南亞海域活動的美國海軍「突擊隊員」號航空母艦上起飛作戰。直到1980年，RA-5C「民團團員」飛機才開始逐漸被F-14型飛機替代，後者攜帶一個安裝在掛彈架上的「戰術空中偵察艙系統」偵察設備箱。

←在進行彈射起飛時，「民團團員」的直列燃油箱可能會脫落，全部3個燃油單元很容易掉在甲板上。發生類似事故時，在大多數情況下會在甲板上造成爆炸和火災。這種事故對航空母艦造成的損害並不算很大，而且有經驗的飛行員還可以繼續正常完成起飛。本圖所示的是發生在1969年9月4日的一次類似事故。當時第12偵察攻擊機中隊的海軍中校約翰・胡伯在駕機從「獨立」號航空母艦上起飛時掉落了裝載有885美制加侖（3350升）燃油的燃油單元。其他的一些事故就沒有如此的幸運。來自同一單位的駕駛156609號飛機的機組在1973年春天，由於在起飛時油箱掉落導致火災，當飛機發生滾轉失去控制時，兩名飛行員成功跳傘逃生並獲救。

↑「民團團員」飛機最重要的型號是RA-5C型，它的主傳感器是一個巨型機載側視雷達，與其他照相機一起安裝在機身下方。在越戰期間，RA-5型飛機通常由F-4型戰鬥機護航，防範「米格」戰鬥機的攻擊。為了能夠跟上「輕裝上陣」的RA-5C型飛機，滿載的F-4型戰鬥機需要加力燃燒室。

RA-5C「民團團員」
主要部件剖面圖

1 空速管；

2 鉸接式機頭雷達罩；

3 搜索雷達天線；

4 鉸接式雷達和AN/ASB-12型前向外殼（工作位置）；

5 電視光掃描器；

6 空中加油燃油管道；

7 空中加油管（收起）；

8 AN/ASB-12型轟炸引導設備；

9 雷達罩制動器；

10 雷達罩（折疊）；

11 液氧儲存容器；

12 儀錶板遮蓋罩；

13 整體式丙烯酸風擋；

14 雷達飛行投影顯示指示器；

15 控制杆；
16 方向舵踏板；
17 「塔康」天線；
18 自動測向天線；
19 AN/APR-27型天線；
20 反光鏡；
21 飛行員彈射座椅；
22 座椅下高壓應急氧氣瓶；
23 座艙供氣裝置；
24 座艙罩應急空氣瓶；
25 頭枕；
26 飛行員座艙罩；
27 應急逃生系統彈射裝藥；
28 飛行員座艙罩制動器；
29 指示器供電系統；
30 轟炸計算機；
31 特高頻天線；
32 雷達高度計；
33 AN/ALQ-100型天線；
34 導航員側控制臺；
35 座椅下高壓應急氧氣瓶；
36 導航員彈射座椅；
37 座艙罩應急空氣瓶；
38 導航員舷窗；
39 頭枕；
40 導航員座艙罩制動器；
41 液氧儲存容器（2個）；
42 主飛行基準陀螺儀；
43 前輪艙；
44 前輪艙門；
45 前輪操縱系統；
46 滑行燈；
47 向前回收的前起落架；
48 前輪對準裝置；
49 前起落架制動器；
50 主飛行控制電子設備艙；
51 飛行控制繼電器；
52 敵我識別天線；
53 艙壁；
54 前機身燃油單元，455美制加侖（1722升）；
55 進氣道側板結構；
56 前可變斜板；
57 引擎機艙入口裝配部件；
58 左側進氣道；
59 引擎機艙結構；
60 後可調斜板；
61 斜板制動器；
62 進氣管道；
63 （機腹）彈射鋼索鉤（2個）；
64 主翼/機身鍛件；
65 機翼前連接點；

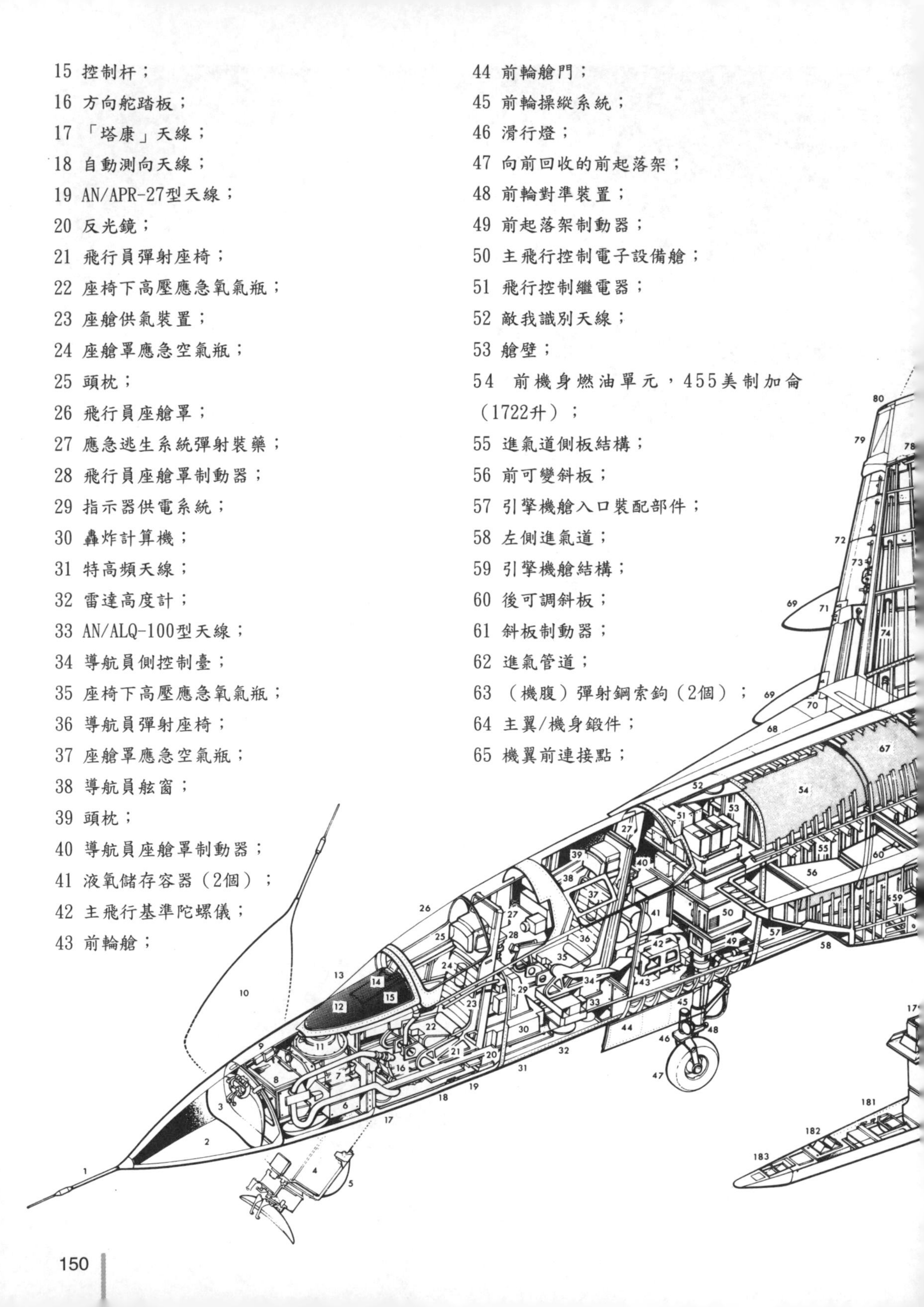

66 附面層控制管道；

67 機身油盤燃油單元，490美制加侖（1855升）；

68 右側翼根邊條；

69 右側副油箱，400美制加侖（1514升）；

70 AN/ALQ-41、-100型前發射天線；

71 AN/APR-25和AN/ALQ-41、-100型前接收天線；

72 機翼前緣下傾部分（內側）；

73 下傾制動器和扭矩杆；

74 機翼折疊管道（液壓和電氣系統）；

75 機翼結構；

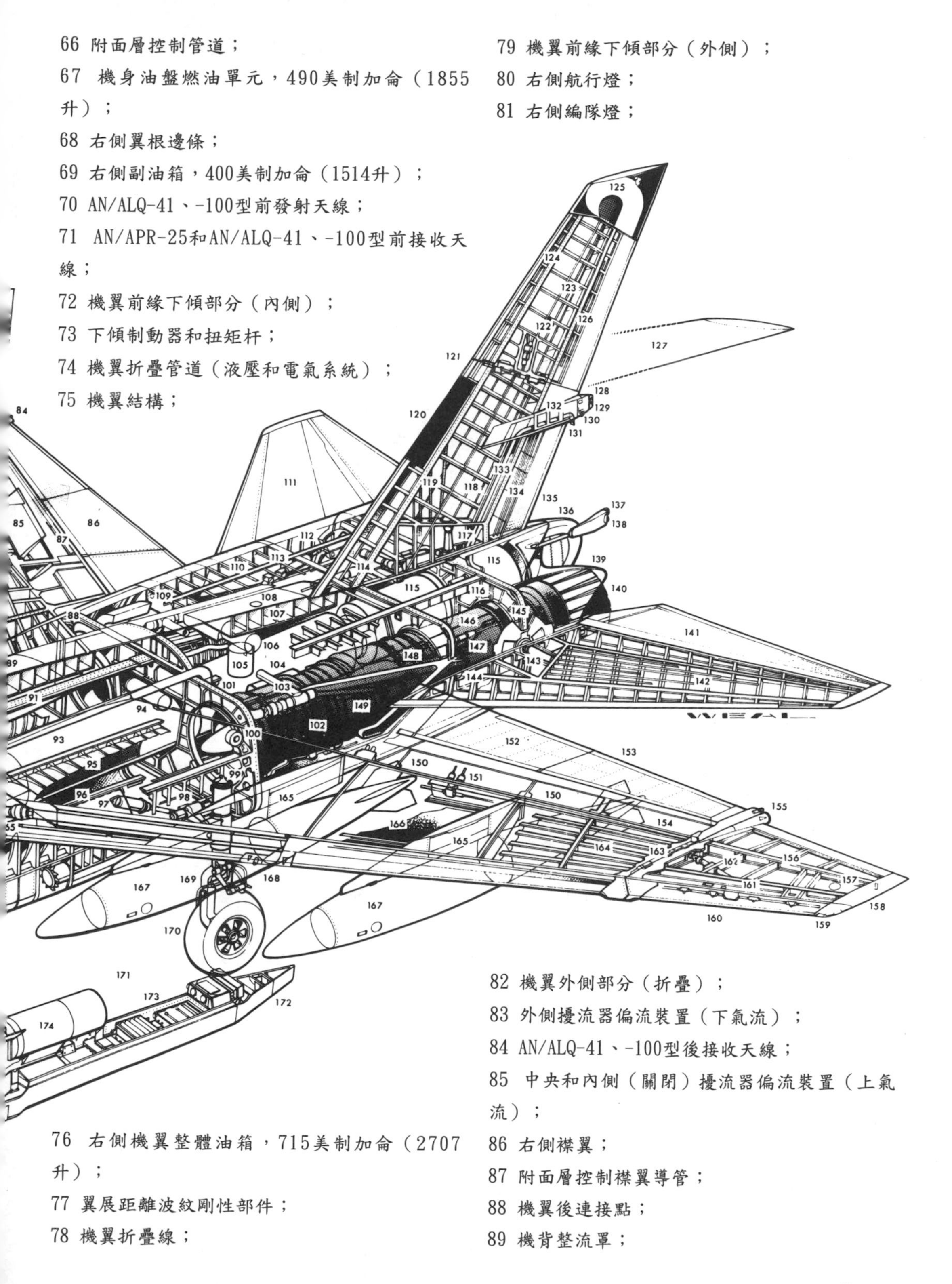

76 右側機翼整體油箱，715美制加侖（2707升）；

77 翼展距離波紋剛性部件；

78 機翼折疊線；

79 機翼前緣下傾部分（外側）；

80 右側航行燈；

81 右側編隊燈；

82 機翼外側部分（折疊）；

83 外側擾流器偏流裝置（下氣流）；

84 AN/ALQ-41、-100型後接收天線；

85 中央和內側（關閉）擾流器偏流裝置（上氣流）；

86 右側襟翼；

87 附面層控制襟翼導管；

88 機翼後連接點；

89 機背整流罩；

90 翼上鞍形燃油箱，210美制加侖（795升）；
91 機翼中線裝配線；
92 右側進氣道；
93 彈艙前燃油單元；
94 液壓油箱空氣儲存箱；
95 左側進氣道；
96 左側主輪艙；
97 回收動作筒；
98 通用樞軸；
99 主起落架放下鎖定裝置；
100 機翼後連接點；
101 鋼質主結構和防火牆（曲線形噴管）；
102 通用電氣公司J79-GE-10型渦輪噴氣引擎；
103 附面層控制機身穿越管；
104 彈艙中央燃油單元；
105 1號液壓蓄力器；
106 2號液壓蓄力器；
107 後機身鞍形燃油箱，130美制加侖（429升）；
108 防撞燈；
109 右側引擎滑油箱，6.10美制加侖（23升）；
110 機身後部結構；
111 水平安定面；
112 水平安定面安裝結構；
113 水平安定面制動器；
114 垂直安定面制動器；
115 炸彈艙後燃油單元，885美制加侖（3350升）；
116 機身後部結構；
117 垂直安定面樞軸；
118 垂直安定面下部結構；
119 導管（從前至後：電氣系統、液壓系統和機尾折疊鋼纜）；
120 前緣絕緣板；
121 機尾折疊鉸接線；
122 機尾折疊制動器；
123 垂直安定面上部結構；
124 前翼梁；
125 雙工特高頻通信/ALQ-55型天線；
126 電氣導管；
127 垂直安定面（折疊）；
128 後編隊燈；
129 電子干擾防禦天線，AN/APR-18，AN/APR-25（V）或者AN/ALR-45（V）型；
130 夥伴加油用聚光燈；
131 燃油通風口；
132 AN/APR-18型天線（選裝）；
133 燃油通風管；
134 電氣導管；
135 蜂窩結構；
136 尾錐；
137 電子干擾防禦吊杆天線，AN/ALQ-100型；
138 電子干擾防禦吊杆天線，AN/ALQ-41型；
139 噴嘴整流罩；
140 可收放的變截面尾噴管；
141 蜂窩結構；
142 水平安定面；
143 水平安定面樞軸；
144 機械式端肋；
145 樞軸連接框架；
146 加力燃燒室；
147 排氣噴嘴鋼纜滑輪反映系統；
148 甲板著陸攔阻鉤；
149 彈射起飛牽制器；
150 中央及內側擾流器偏流裝置；
151 機翼擾流器制動器；
152 左側襟翼；
153 後緣蜂窩結構；
154 外側擾流器偏流裝置；
155 AN/ALQ-41、-100型接收機天線；
156 機翼外側部分；
157 羅盤；
158 左側編隊燈；
159 左側航行燈；

160 外側前緣下垂結構；
161 下垂制動器和扭矩杆；
162 機翼折疊制動器；
163 機翼折疊鉸接線；
164 翼展距離剛性部件；
165 外掛架；
166 左側機翼整體油箱，715美制加侖（2070升）；
167 左側副油箱（400美制加侖/1514升）（或者夜間攝影閃光吊艙，只能掛載於內側掛架）；
168 AN/APR-25型和AN/ALQ-41、-180型前接收機天線；
169 高強度合金主起落架；
170 左側主輪；
171 模塊化多傳感器機腹偵察吊艙；
172 被動電子對抗天線；
173 AN/APD-7型機載側視雷達（下方還有AN/AAS-21型紅外傳感器，圖中沒有表現）；
174 被動電子對抗裝置；
175 偵察電子設備；
176 圖像運動補償照相機控制裝置；
177 記錄放大器；
178 數據換流器；
179 11和12波段接收機；
180 可互換的照相機模塊（兩部空中傾斜連續畫面照相機，兩台全景照相機或者兩台垂直連續畫面照相機）；
181 被動電子對抗天線；
182 垂直連續畫面照相機（KA-50a或者-51型）；
183 前向傾斜連續畫面照相機。

RA－5C「民團團員」技術說明

主要尺寸

長度：76英尺6英寸（23.35米）

長度（垂直尾翼和雷達罩折疊）：65英尺4.4英寸（19.92米）

翼展：53英尺（16.17米）

翼展（折疊）：42英尺（12.8米）

機翼面積：753.7英尺²（70.02米²）

高度（垂直尾翼折疊）：15英尺6英寸（4.72米）

動力裝置

兩台通用電氣公司J79-GE-10型渦輪噴氣引擎，單台推力（最大加力燃燒）17900磅（79.63千牛）

重量

空重：37498磅（17024千克）

基本重量：38219磅（17336千克）

戰鬥重量：55617磅（25227千克）

最大著陸重量（機場）：65988磅（29931千克）

最大著陸重量（攔阻）：47000磅（21319千克）

性能

海平面最大速度：806英里/時（1297千米/時）40000英尺（12192米）高度最大速度：1320英里（2124米）

初始爬升率：（海平面）6600英尺（2012米）/分

實用升限：49000英尺（14935米）

作戰半徑：1508英里（2427米）

轉場航程：2050英里（3299千米）

武器裝備

沒有固定的武器攜帶方案。可以在每側機翼下安裝兩個外掛點，可以掛載多種武器裝備

加油機

Tanker Aircraft

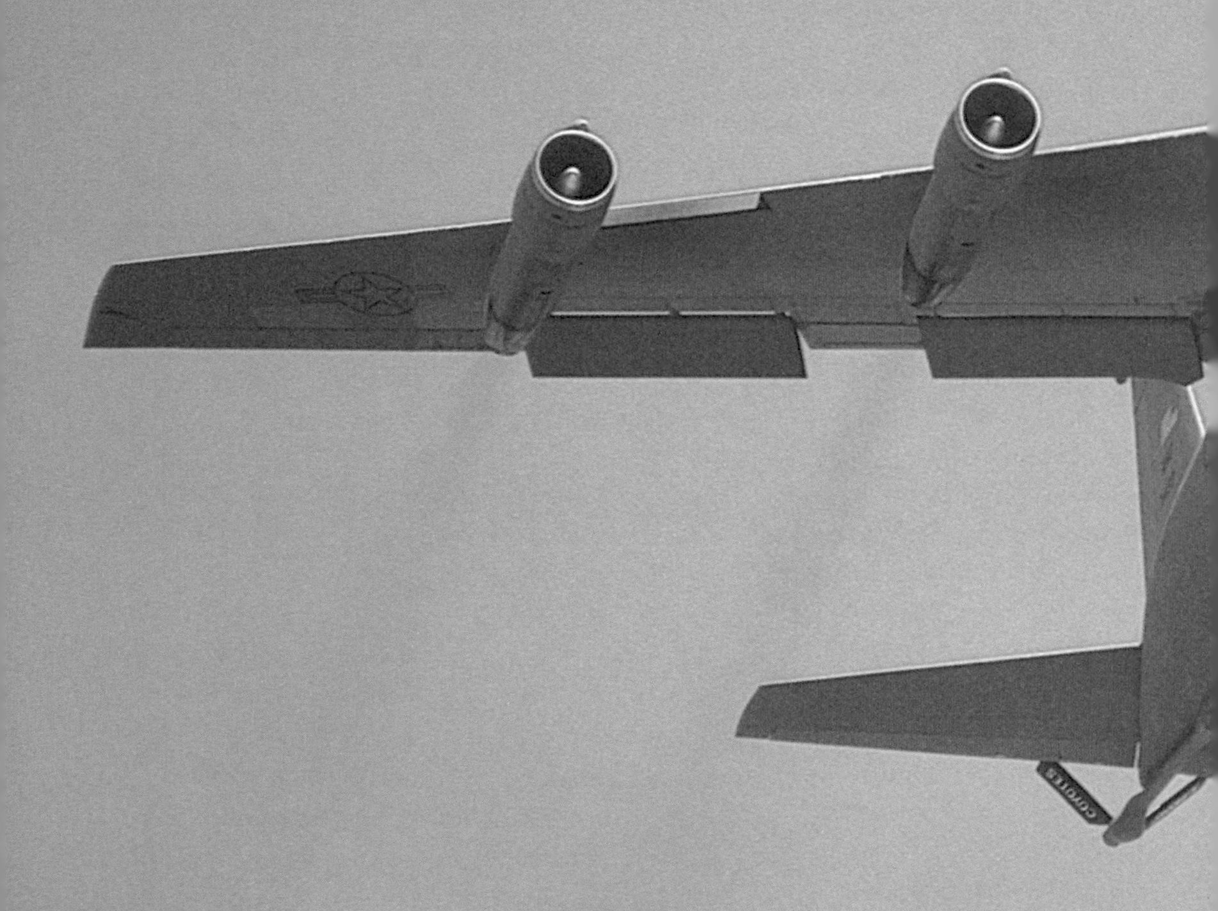

波音公司，KC-135「同溫層油船」

Boeing KC-135 Stratotanker

1954年，波音公司提議並自行投資製造了一架軍用噴氣式加油機/運輸機的原型機。投產後被命名為KC-135，這也揭開了航空史上最偉大、最成功的一頁。「同溫層油船」從那時起就開始在世界各地服役，並為美國空軍的各種任務提供支援，參加過越南和海灣戰爭中的作戰行動。

↑KC-135的生產曾被優先考慮，因為美國空軍裝備了越來越多的高速噴氣式轟炸機。此前支援這些轟炸機的加油機都是螺旋槳驅動的，無法與轟炸機保持同步飛行。

↓美國空軍後備役與空軍國民警衛隊的KC-135型加油機在美國空軍的空中加油能力方面扮演著重要的角色。

→早期的KC-135A在機身前部有一個大型的貨艙門。

↓1991年「沙漠盾牌」行動中，KC-135A型加油機為美國與歐洲國家派往海灣地區的飛機進行空中加油。之後，又轉而幫助軍事空運司令部的運輸機進行人員與設備的運送。大約200架KC-135型加油機被直接指派到戰區，由臨時空中加油聯隊指揮。與此同時，其他幾百架加油機則有規律地飛行於美國與海灣地區之間。海灣戰爭期間，大約共進行了15000次空中加油飛行，美國空軍、美國海軍、美國海軍陸戰隊及聯軍的近46000架飛機接受了空中加油。雖然KC-135型加油機被限定於沙特阿拉伯北空區域為其加油區，但它有時也冒險穿越伊拉克邊境為燃料不足的飛機提供燃油。

←駕駛KC-135需要高超的技巧和巨大的勇氣。機組人員即使不是必須遠距離飛行到指定區域，在高空與受油機會合，也必須精確地沿航線飛行，等待受油機的到來。

機身左前部的大型艙門可向上翻起，裝載貨物和乘客登機。可容納近37650千克（82000磅）貨盤裝貨物。

「同溫層油船」所有的加油系統都安裝在機艙地板下，這使飛機具有很大的靈活性，可以運送貨物，或乘坐近80名乘客，或二者同時。

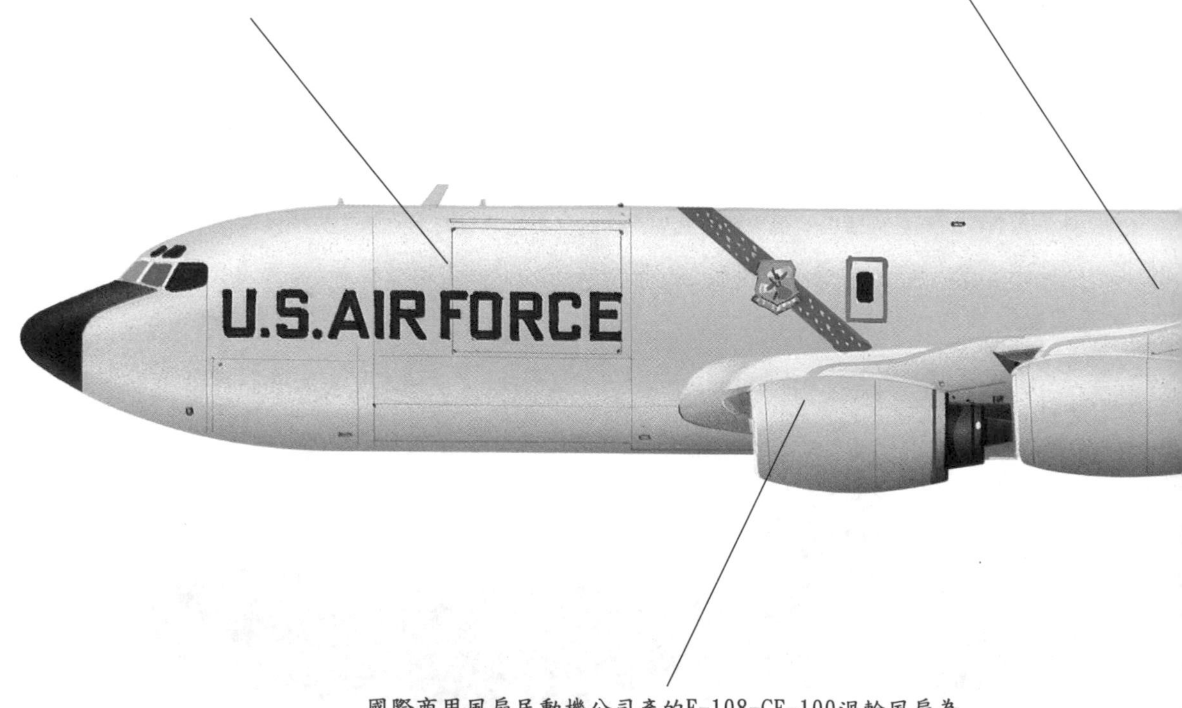

國際商用風扇民動機公司產的F-108-CF-100渦輪風扇為KC-135R提供動力，每個渦輪風扇為97.86千牛（22015磅推力）。這一額外的推動力使飛機各方面的性能都有所改善，包括起飛性能，在KC-135A還未能離開跑道的時候，KC-135R已經飛到60米（200英尺）的空中了。

加油導管操作員使用一個小型控制杆，將加油導管連接至受油機上。加油導管操作員工作時須俯臥在座椅上。從KC-135E計劃開始的升級機型，增加了水平尾翼的翼展。這種水平尾設計源於707客機。

為了儘量延長KC－135的服役期限，一項更換機翼外殼的計劃於1975年啟動。機身的疲勞壽命增加了27000小時。

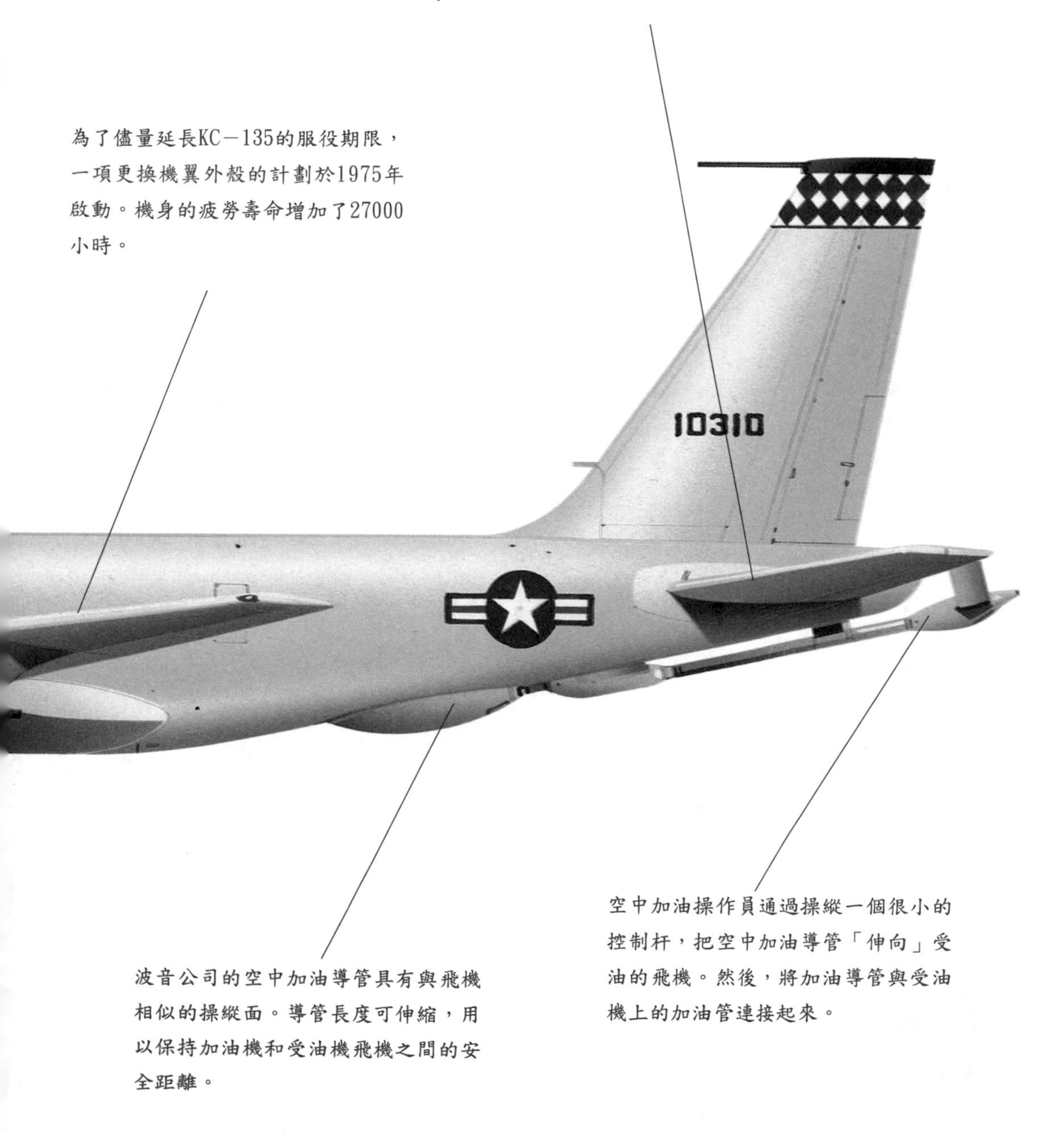

空中加油操作員通過操縱一個很小的控制杆，把空中加油導管「伸向」受油的飛機。然後，將加油導管與受油機上的加油管連接起來。

波音公司的空中加油導管具有與飛機相似的操縱面。導管長度可伸縮，用以保持加油機和受油機飛機之間的安全距離。

KC-135R 型「同溫層油船」

主要部件剖面圖

1 雷達整流罩；
2 氣象雷達搜索天線；
3 儀錶著陸系統天線；
4 前部密封艙壁；
5 甲板下的設備艙；
6 機腹部進口；
7 方向舵踏板；
8 儀錶板；
9 風擋玻璃雨刷；
10 儀錶板護罩；
11 風擋玻璃；
12 頂部控制面板；
13 水上迫降把柄；
14 座艙頂窗；
15 副駕駛員座椅；
16 駕駛員座椅；
17 空速管；
18 前輪艙；
19 出口擾流板；
20 進入艙門；
21 雙前輪，向前收起；
22 登機梯；
23 出入艙門；
24 指令官座椅；
25 領航員位置；
26 空中加油口；
27 天體跟蹤觀察窗，天文導航系統；
28 「塔康」天線；
29 座艙門；
30 航空電子設備架；
31 領航員座；
32 臨時成員座椅；

33 電子設備架；
34 機艙空氣導管；
35 電池組；
36 洗臉池；
37 乘員抽水馬桶；

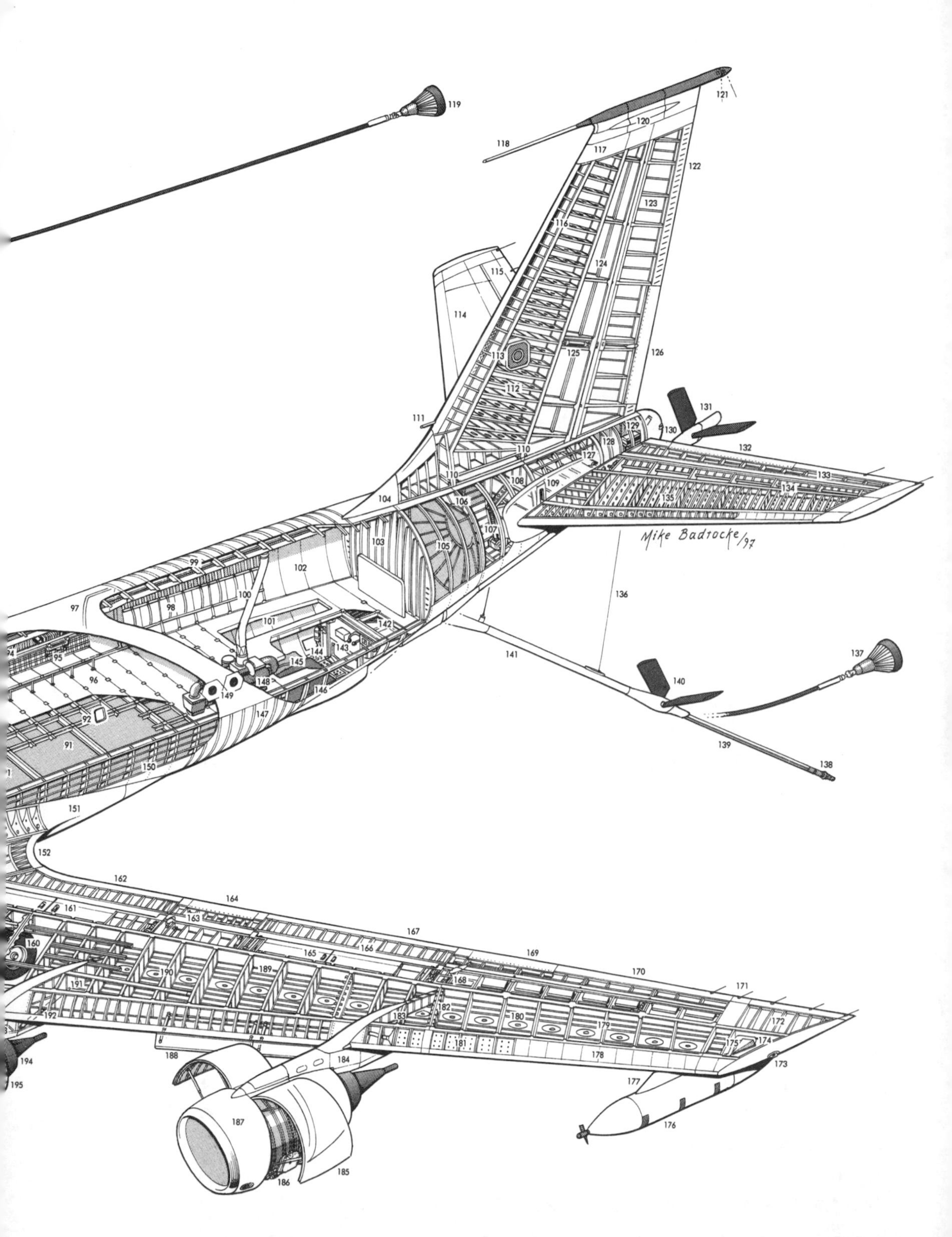
Mike Badrocke/97

38 指揮燈，用於空中接收飛機進行加油，左右各一各一個；

39 前部甲板下的油箱單元（4個），容量為4890英制加侖/5800美制加侖（21955升）；

40 貨艙門卡鎖；

41 艙門尺寸，9英尺6英寸×6英尺6英寸（2.9米×1.99米）；

42 貨艙甲板骨架；

43 捆綁裝置；

44 貨艙門液壓千斤頂與鉸接裝置；

45 向上開啟的貨艙門；

46 甚高頻/超高頻天線；

47 安裝於貨艙門上的測向儀天線；

48 通往上部機艙的空調送風管；

49 機翼檢查燈；

50 前部翼梁固定機身主結構；

51 中部油箱（6個），6084英制加侖/7306美制加侖（27656升）；

52 機翼上部逃逸艙門，左右各一；

53 機翼中部骨架；

54 甲板縱梁骨架；

55 機身結構與縱梁骨架；

56 貨艙頂部空氣分配導管；

57 內側整體機翼油箱，1894英制加侖/2275美制加侖（9612升）；

58 油箱注油口；

59 3號右內側飛機引擎艙；

60 飛機引擎艙掛架；

61 機翼中部主整體油箱，1717英制加侖/2062美制加侖（7805升）；

62 放油通路；

63 前緣襟翼液壓千斤頂；

64 前緣襟翼；

65 No.4右外側飛機引擎艙；

66 外側飛機引擎艙掛架；

67 外側後備整體油箱，361英制加侖/434美制加侖（1643升）；

68 可選擇配備的錐形軟管空中加油吊艙（法國的C-135FR型安裝有）；

69 右側航行燈；

70 外側低速副翼；

71 副翼內部平衡板；

72 擾流板聯動裝置；

73 副翼鉸接裝置控制聯動裝置；

74 副翼配重；

75 外側雙縫襟翼段；

76 外側擾流板，打開狀態；

77 擾流板液壓千斤頂；

78 襟翼導軌；

79 襟翼千斤頂；

80 副翼配重；

81 內側高速副翼；

82 節氣閥；

83 副翼聯動裝置；

84 內側擾流板，打開狀態；

85 內側雙縫襟翼段；

86 防撞燈；

87 主輪上部的密封板；

88 後部翼梁固定機身主結構；

89 左側主輪艙；

90 主輪艙隔板；

91 後部甲板下的油箱單元（5個），5311英制加侖/6378美制加侖（24143升）；

92 機艙舷窗；

93 面向中間的士兵座椅，E30型座椅；

94 分離式頂部貨物導軌；

95 貨物吊索/絞盤；

96 後艙載貨甲板；

97 後部逃生出口（僅右側有）；

98 士兵座椅（收起的狀態）；

99 後部機身剛性部件表面；

100 輔助動力裝置：空氣支持導管；

101 加油管操作員艙的進口，左右各一；

102 艙壁絕緣內襯；

103 後部密封艙壁；

104 翼根整流片；

105 後部甲板上方的油箱單元，容量為1810英制加侖/2175美制加侖（8230升）；
106 垂直尾翼翼梁固定隔板；
107 焊接水平尾翼千斤頂；
108 水平尾翼中段；
109 焊接水平尾翼密封墊；
110 垂直尾翼附加接合處；
111 載荷感覺器系統壓力感受器；
112 垂直尾翼骨架；
113 甚高頻全向天線；
114 右側焊接水平尾翼；
115 右側升降舵；
116 垂直尾翼前緣翼肋；
117 翼尖天線整流罩；
118 高爆天線；
119 右側空中加油軟管；
120 高頻調節器；
121 空中加油燈；
122 方向舵固定後緣；
123 方向舵骨架；
124 內部平衡板；
125 方向舵液壓制動器；
126 方向舵配重；
127 焊接水平尾翼鉸接裝置；
128 尾錐骨架；
129 墜毀定位裝置；
130 尾部航行燈與頻閃燈；
131 硬加油管（處於收起的位置）；
132 升降舵配重；
133 左側升降舵骨架；
134 升降舵內部平衡板；
135 左側水平尾翼骨架；
136 加油管纜線；
137 可選擇安裝的空中加油軟管；
138 加油管頭；
139 硬加油管（處於完全伸出的狀態）；
140 加油管穩定翼；
141 硬加油管，放下的位置；
142 加油管操作員窗蓋，處於收起的狀態；
143 觀察窗；
144 空中加油控制面板；
145 加油管操作員的臥床；
146 飛行教員的臥床；
147 機身下面突出部剛性元件表面；
148 可選擇安裝的輔助動力裝置；
149 輔助動力裝置：排氣管；
150 機身下面突出部結構與縱梁骨架；
151 機翼根部後緣；
152 襟翼；
153 襟翼操縱千斤頂；
154 主輪艙門；
155 主起落架支杆；
156 液壓回收千斤頂；
157 機翼根部整體油箱，1895 英制加侖/2275美制加侖（8615升）；
158 主起落架樞軸；
159 減震器支杆；
160 四輪式主起落架；
161 左側內側擾流板；
162 內側雙縫襟翼；
163 內側高速副翼；
164 副翼配重；
165 外側擾流板；
166 襟翼骨架；
167 外側雙縫襟翼；
168 左側副翼鉸接控制裝置；
169 副翼配重；
170 左外側低速副翼；
171 靜電放電器；
172 後緣固定段骨架；
173 左側航行燈；
174 燃油系統放油裝置；
175 機腹NACA型進氣道；
176 左側可選擇配備的錐形軟管空中加油吊艙；
177 空中加油吊艙掛架；
178 前緣表面鑲板；

179 外側機翼骨架；
180 機翼下表面/縱梁面檢修孔；
181 前緣除霜空氣管道；
182 外側機翼接合翼肋；
183 引擎掛架固定翼肋；
184 左外側飛機引擎艙掛架；
185 飛機引擎罩蓋，引擎安裝口；
186 引擎附加設備變速箱；
187 No.1左外側飛機引擎艙；
188 左側前緣克魯格襟翼；
189 左側機翼整體油箱；
190 左側機翼骨架；
191 內側飛機引擎艙固定翼肋；
192 飛機引擎艙支杆；
193 飛機引擎艙掛架骨架；
194 引擎中央部位，熱氣噴口；
195 渦扇氣、冷氣噴口；
196 引擎渦輪部件；
197 CFN國際公司F108-CF-100（CFM56-2A2）型渦輪風扇引擎；
198 引擎渦扇外罩；
199 遠程燃油箱；
200 除霜排氣管；
201 進氣口邊緣除霜放氣口；
202 引擎放氣管道；
203 前緣骨架；
204 壓力加油接口，左右各一；
205 主起落架固定翼肋；
206 空調系統熱交換器；
207 機腹空調裝置；
208 熱交換器衝壓進氣口；
209 著陸燈。

↑法國的C-135F改裝了用於空中加油的探針和錐管系統。

↑經過KC-135的定時空中加油，像E-3「哨兵」這樣重要的飛機在空中飛行的時間可由幾小時增加到幾天。

KC-135A「同溫層油船」技術說明

主要尺寸

長度：136英尺3英寸（41.53米）

高度：41英尺8英寸（12.70米）

翼展：130英尺10英寸（39.88米）

機翼展弦比：7.04

機翼面積：2 433.00 英尺^2（226.03米^2）

平尾翼展：40英尺3英寸（12.27米）

軸距：46英尺7英寸（14.20米）

動力裝置

四台普拉特·惠特尼公司生產的J57-P-59W型渦輪噴氣引擎，每台推力為13760磅（61.16千牛）

重量

作戰空重：106306磅（48220千克）

最大起飛重量：316000磅（143335千克）

燃油與載荷

機內燃油：189702磅（86047千克）

最大有效載荷：83000磅（37650千克）

性能

高空最大水平速度：530節（610英里/小時；982千米/小時）

35000英尺（10670米）高度的巡航速度：462節（532英里/小時；656千米/小時）

卸載120000磅（54432千克）燃油的作戰半徑：1000海里（1151英里；1854千米）

實用升限：45000英尺（13715米）

在炎熱、高原條件下最大起飛重量典型起飛距離：10700英尺（3261米）增加到14000英尺（4267米）

海平面最大爬升率：每分鐘1290英尺（393米）

麥克唐納·道格拉斯公司，KC-10「補充者」

McDonnell Douglas KC-10 Extender

通過現貨定購的民航飛機DC-10得到的這種機型KC-10A，滿足了美國空軍對空中加油機/貨運飛機的雙重需求，於1981年交付使用。與DC-135不同，KC-10A不僅帶有一個空中加油導管，而且有一個永久的錐套式加油系統，使其可以在一次任務中同時為美國空軍和美國海軍提供支援。

KC-10A被官方評為創美國空軍最佳飛機安全紀錄（只有一架因地面攻擊而失事）。KC-10A參加了1986年對利比亞的突襲、1989年對巴拿馬的作戰以及海灣戰爭。

KC-135的主要任務是為戰略轟炸機提供支援，而KC-10A的任務幾乎主要是戰術性的。KC-10A目前是美國空軍主要戰術力量的一部分，這支戰術力量能夠迅速地部署到國外機場。

「補充者」提供了無與倫比的綜合性能。全部有效載荷為76834千克（169055磅），運送距離超過7033千米。

在「沙漠風暴」行動之前，完成了一項實驗，即在翼尖的下麵安裝了附帶的由英國製造的軟管加油吊艙，這樣帶來了三點加油能力。

→「補充者」能夠為一架或多架飛機提供90720千克（200000磅）燃料。

↓KC-10飛行隊最初漆成藍白顏色的圖案，後來出現了許多其他的顏色，包括蜥蜴綠、深灰和目前的淡灰圖案。

↑在迪戈加西亞的海軍支援基地（英國位於印度洋的島嶼），駐紮在新澤西州麥克基爾美國空軍基地第2空軍加油機中隊的機組人員正從機身左前部的貨艙門登上一架KC-10A型加油機。美國空軍總共擁有60架KC-10型「補充者」加油機，其中大多數加油機的整個機身塗的都是深灰色。

↑與波音KC-135「同溫層油船」的生產歷史不同，麥克唐納・道格拉斯公司在完成了DC-10導航客機的設計之後，製造了KC-10A「補充者」加油機/運輸機。該機憑藉其能力使美國空軍的海外部署發生了革命性的變化，它不僅可以給戰術噴氣機編隊加油，而且可以為其運送支援的設備和人員。KC-10A是現今美國空軍作戰行動的關鍵要素。

←在「沙漠風暴」行動期間，美國海軍現有59架KC-10A中的46架用於為聯軍空中力量提供支援。KC-10A使美國戰鬥機的部署得以完成。

→在1982年9月，7架KC-10A在拉布拉多的古斯貝上空與20架C-141B碰面，並為每一架輸送了29484千克（64865磅）燃油。C-141B繼續向原西德投送部隊。

→KC-10A的主要工具是空中加油導管，但為了給美國海軍和其他北約飛機進行加油，還安裝了一個軟管鼓單元。

↓KC-10A為美國空軍部署在全球的基地中的飛機提供支援，它已經成為美國力量投送的一個象徵。46架KC-10A在海灣戰爭期間，完成了25%的空中加油任務。

KC-10「補充者」

主要部件剖面圖

1 雷達整流罩；
2 氣象雷達搜索天線；
3 雷達裝置；
4 前部密封艙壁；
5 雷達整流罩鉸接裝置；
6 風擋玻璃雨刷；
7 風擋玻璃；
8 儀錶板護罩；
9 操縱杆；
10 方向舵踏板；
11 無線電與電子設備；
12 駕駛艙甲板；
13 飛行員座椅；
14 頂部系統控制面板；
15 飛行技師控制面板；
16 觀測員座椅；
17 駕駛艙門；
18 空中加油照明燈；
19 通用空中加油口；
20 洗手間；
21 機組成員行李櫃；
22 廚房；
23 空調衝壓進氣口；
24 登機艙門；
25 空調系統面板；
26 前部著陸傳動杆；
27 雙前輪；
28 前起落架艙門；
29 空調設備；
30 乘客座椅，6名成員與14名輔助人員；
31 前部座艙頂部面板；
32 上部編隊燈；
33 敵我識別天線；
34 頂部空調管道；
35 機組成員休息鋪位（4個）；
36 布簾；
37 貨物絞盤；
38 貨物安全網；
39 貨艙處理系統控制箱；
40 低電壓編隊燈；
41 下艙氧氣瓶；
42 載貨甲板；
43 下艙水箱；
44 艙門液壓千斤頂；

45 貨艙門，102英寸×140英寸（2.59米×3.56米）；

46 「塔康」天線；

47 甚高頻天線；

48 右側引擎艙；

49 超高頻衛星通信天線；

50 美國空軍463L型貨盤，機艙內安裝有25貨盤；

51 貨艙主艙門；

52 前部下艙油箱單元，總容量為18075美制加侖（68420升）；

53 機身結構與縱梁骨架；

54 引導燈，左右各一；

55 機翼根部；

56 著陸燈；

57 電力系統分配設備；
58 進入設備艙的樓梯；
59 中部驅動裝置；
60 機翼中央部位；
61 貨艙舷窗，左右各一；
62 中段油箱，飛機基礎燃油系統，容量為238565磅（108211千克）；
63 甲板橫樑骨架；
64 機翼翼梁/機身主結構；
65 機翼中央骨架上部整體油箱；
66 機翼中央段艙門；
67 防撞燈；
68 右側機翼整體油箱；
69 機翼內側前緣；
70 引擎推進換向器格柵，打開狀態；
71 右側飛機引擎艙掛架；
72 外側前緣板條驅動裝置；
73 壓力加油連接管；
74 燃油系統導管；
75 板條導軌；
76 外側前緣板條段；
77 右側航行燈；
78 翼尖編隊燈；
79 右側翼尖頻閃光燈；
80 靜電放電器；
81 副翼配重；
82 副翼液壓千斤頂；
83 外側低速副翼；
84 放油管；
85 外側擾流板（4個），打開狀態；
86 擾流板液壓千斤頂；
87 襟翼液壓千斤頂；
88 襟翼鉸接裝置整流罩；
89 外側雙翼縫襟翼，處於向下的位置；
90 高速副翼；
91 內側擾流板；
92 內側雙翼縫襟翼，處於向下的位置；
93 機身電鍍表面；
94 超高頻天線；
95 中部機身骨架；
96 主輪艙上部密封甲板；
97 中部著陸輪艙；
98 載貨甲板；
99 滾裝傳送帶；
100 貨艙內壁；
101 進入下艙加油位置的樓梯；
102 加油軟管卷軸裝置；
103 軟管固定裝置；
104 緊急出口艙門；
105 貨艙後部空調導管；
106 高頻天線；
107 中部引擎支架結構；
108 中部引擎進氣口；
109 進氣道骨架；
110 進氣道環形結構；
111 垂直尾翼附加接合處；
112 右側水平尾翼；
113 右側升降舵；
114 垂直尾翼骨架；
115 J波段與I波段天線；
116 甚高頻全向定位器（1）天線；
117 垂直尾翼翼尖整流罩；
118 甚高頻全向定位器（2）天線；
119 方向舵配重；
120 兩段式方向舵；
121 方向舵液壓千斤頂；
122 垂直尾翼低電壓編隊燈；
123 中部引擎；
124 分離式引擎罩；
125 空氣系統預冷器；
126 引擎固定架；
127 熱氣流噴口；
128 渦扇排氣管；
129 分離式尾錐整流罩；
130 中部引擎階梯；
131 平尾升降舵內側；

132 升降舵液壓千斤頂；
133 兩段式升降舵；
134 空中加油軟管，處於放下狀態；
135 左側水平尾翼骨架；
136 前緣翼肋；
137 硬加油管，處於放下狀態；
138 硬加油管的升降舵；
139 硬加油管的雙方向舵；
140 伸縮加油管；
141 回退裝置；
142 加速計；
143 硬加油管提拉索；
144 輔助動力裝置；
145 水平尾翼固定軸；
146 水平尾翼中央部位；
147 後部密封艙壁；
148 水平尾翼控制千斤頂；
149 加油硬管方向鉸接裝置；
150 供油管；
151 向下開啟的艙門；
152 空中加油官的控制面板；
153 指揮用舷窗；
154 學員座椅；
155 空中加油官座椅；
156 教員/觀察員座椅；
157 指揮用舷窗艙蓋，處於打開狀態；
158 後部觀察潛望鏡；
159 潛望鏡的反射鏡；
160 側面觀察窗；
161 機翼照明燈；
162 反射鏡整流罩；
163 機翼根部後緣；
164 低電壓編隊燈；
165 後部油箱單元；
166 主起落架艙；
167 中央起落架液壓千斤頂；
168 雙輪中央起落架；
169 主起陸架支柱；
170 起落架支杆固定軸；
171 內側擾流板；
172 左內側雙翼縫襟翼；
173 高速副翼；
174 外側雙翼縫襟翼；
175 襟翼，處於向下的位置；
176 左側外側擾流板；
177 後部翼梁；
178 放油管；
179 左側副翼骨架；
180 翼尖頻閃光燈；
181 左側翼尖編隊燈；
182 左側航行燈；
183 機翼下部面板；
184 副翼液壓千斤頂；
185 機翼骨架；
186 左側機翼整體油箱；
187 前部翼梁；
188 左側前緣板條段；
189 壓力加油連接；
190 前緣除霜伸縮空氣管；
191 四輪主著陸裝置；
192 左側引擎；
193 推進換向器格柵，處於關閉狀態；
194 通用電氣公司生產的CF6-50C2型渦輪風扇引擎；
195 渦扇附加變速箱；
196 引擎進氣口；
197 飛機引擎艙底板；
198 飛機引擎艙掛架骨架；
199 掛架附加接合處；
200 機翼表面鑲板；
201 機翼縱梁；
202 內側機翼翼肋；
203 內側前緣板條翼肋骨架；
204 放氣管道；
205 前緣板條，向下的位置。

→第2飛行大隊的KC-10A正從美國空軍在路易斯安那的巴克斯戴爾空軍基地起飛，其機組人員來自空中國民警衛隊。

由於KC-10A帶有全面的導航系統，所以並不需要導航員。在執行遠距離任務時，座艙將容納一名駕駛員、一名副駕駛和一名隨機工程師。隨機工程師還有一項第二任務，就是當裝卸貨物時，充當裝卸長。

KC-10A的遠距離活動能力由三台通用電氣公司的渦輪風扇發動機提供，為縮短降落距離安裝了推力反向器。為提高自身的續航能力，KC-10A安裝了一個受油裝置。

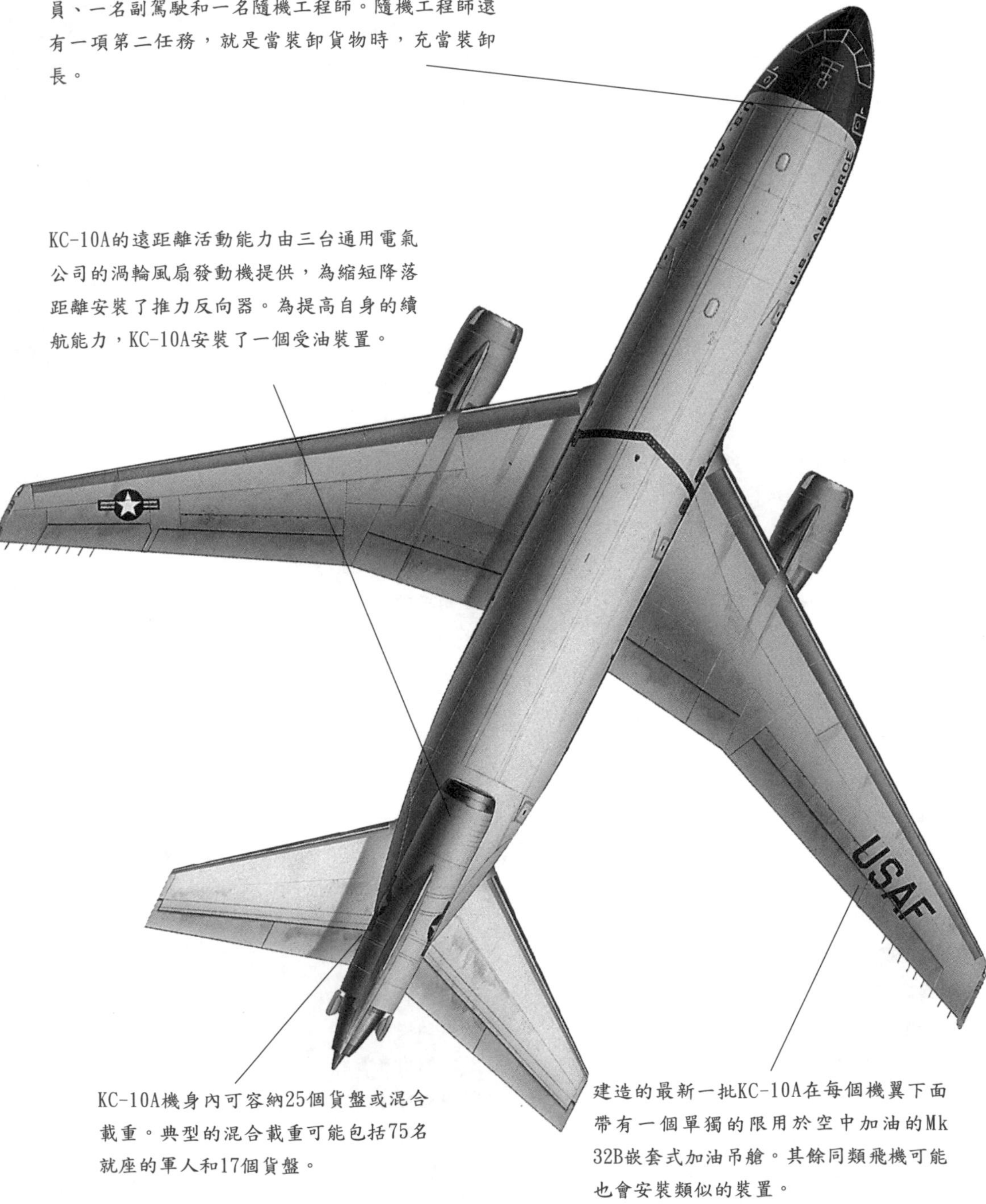

KC-10A機身內可容納25個貨盤或混合載重。典型的混合載重可能包括75名就座的軍人和17個貨盤。

建造的最新一批KC-10A在每個機翼下面帶有一個單獨的限用於空中加油的Mk 32B嵌套式加油吊艙。其餘同類飛機可能也會安裝類似的裝置。

KC-10A「補充者」技術說明

主要尺寸
翼展：155英尺4英寸（47.34米）
機翼展弦比：8.8
機翼面積：3861英尺^2（358.69米^2）
長度：181英尺7英寸（55.35米）
高度：58英尺1英寸（17.70米）
平尾翼展：71英尺2英寸（21.69米）
輪距：34英尺8英寸（10.57米）
軸距：72英尺8英寸（22.07米）
動力裝置
三台通用電氣公司生產的CF6-50C2型渦輪風扇引擎，單台推力52500磅（233.53千牛）
重量
作為加油機的作戰空重：240065磅（108891千克）
作為運輸機的作戰空重：244630磅（110962千克）
最大起飛重量：590000磅（267620千克）
燃油及載荷
飛機基本載油：238236磅（108062千克）
機身油箱單元：117829磅（53448千克）
總機內燃油：356065磅（161508千克）
最大貨物載荷：169409磅（76843千克）
性能
最大速度：0.95馬赫
25000英尺（7620米）高度無外掛最大水平速度：810英里/小時（982千米/小時）
30000英尺（9145米）高度最大巡航速度：564英里/小時（908千米/小時）
海平面最大爬升率：每分鐘2900英尺（884米）
實用升限：33400英尺（10180米）
100000磅（45400千克）載荷時的正常航程：6905英里（11112千米）
最大載貨量時的最大航程：4370英里（7032千米）
轉場航程：11500英里（18507千米）
最大起飛重量時的平穩起飛距離：10400英尺（3170米）
最大著陸重量時的平穩著陸距離：6130英尺（1868米）

維克斯公司，VC-10

Vickers VC-10

VC-10加油機是在VC-10的基礎上改裝而成的。英國原維克斯一阿姆斯特朗公司研製的四發動機中遠程民航客機VC-10於1958年開始設計，1959年開始製造首架原型機，1962年6月首次試飛，1964年4月投入航線服役。

VC-10採用四台羅爾斯·羅伊斯公司RCo.43 Mk301型渦輪風扇發動機，發動機推力比較大，具有適合在高溫高原的非洲地區的起落能力。VC-10採用機尾安裝發動機的佈局，將四台發動機短艙懸吊在機身尾部兩側，這樣既遠離客艙，又緊靠機身，在一側發動機故障時不致引起嚴重的不平衡推力，避免機翼裝發動機吊艙對升力和阻力的影響。由於機尾安裝發動機的位置的影響，水平尾翼不能安排在機身上，而採用高平尾佈局。為安放重量較大的平尾，垂直尾翼的結構需要加強；平尾的控制機構需要通過垂尾結構，增加了複雜性和重量。

VC-10在英國空軍後勤部隊中扮演重要角色。

↑圖為第一架K. Mk2改進型，機號為ZA141，於1982年由羅伊·雷德福特駕駛在菲爾頓進行首飛，其機身上部塗有灰綠相間的偽裝圖案。垂直尾翼的脆弱性結構導致其加裝了機號為XX914的VC-10飛機的尾部裝置，而XX914飛機結束了作為英國皇家航空研究中心（貝德福德）測試平臺的任務。ZA141飛機於1983年6月9日作為試驗用飛機交付給了航空與飛機實驗研究所。

→VC-10加油機型飛機在飛機頭部增加了空中加油管，尾錐處安裝有透博梅卡・阿圖斯特520型輔助動力裝置。新的VC-10飛機包括V1112型VC-10飛機與V1164型超級VC-10，而超級VC-10飛機的機身前部增設了貨艙密封門。

↓VC-10C.Mk1（K）型與K.Mk2型飛機在其服役期屆滿時將會退役，這主要是由於C.Mk1（K）型的維護費用問題以及服役所需數百萬英鎊的檢修費。因此，它們將會被廢棄。如果VC-10加油型與運輸型飛機的服役要求保持不變的話，它們會因此延緩退役。然而，這種形勢直接導致了VC-10型飛機部隊士氣的下降。英國皇家空軍設想，到2007年，VC-10飛機的加油任務將會由民用承包商利用波音767或空中客車A310改裝的加油機來完成。由地方人員操縱民用加油機、裝滿燃油飛往戰區的可行性目前已經得到了確定。

附加油箱

K.Mk2型與K.Mk3型都額外載有3500英制加侖（15910升）燃油，裝載于原乘客艙位置處的5個等尺寸油箱單元內。這些油箱在密封前是通過貨艙門進行安裝的，但K.Mk2型在改裝時卻必須要切割成兩段。除了可選擇配置的垂直尾翼油箱與3個加油裝置貯液器——每個大約為20英制加侖（91升）以外，所有型號的VC-10飛機都有6個標準的機翼油箱，總載油17925英制加侖（81480升）。

VC-10C.Mk1技術說明

主要尺寸

翼展：146英尺2英寸（144.55米）

機翼面積：2932英尺^2（272.38米^2）

機翼展弦比：7.29

機長（包括空中加油管）：158英尺8英寸（48.38米）

高度：39英尺6英寸（12.04米）

平尾翼展：43英尺10英寸（13.36米）

輪距：21英尺5英寸（6.53米）

軸距：65英尺10.5英寸（20.08米）

動力裝置

四台由羅爾斯・羅伊斯公司RCo.43 Mk301型渦輪風扇引擎，單台推力為21800磅（96.97千牛）

重量

空重：146000磅（66224千克）

最大起飛重量：323000磅（146 510千克）

最大起飛重量（裝備K.Mk2燃油系統）313056磅（142000千克）

最大起飛重量（裝備K.Mk3燃油系統）334882磅（151900千克）

最大起飛重量（裝備K.Mk4燃油系統）334882磅（151900千克）

燃油與載荷

最大有效載荷：57400磅（28037千克）

機內燃油：19365英制加侖（88032升）

機內燃油（K.Mk2型燃油系統）：21485英制加侖（97671升）

機內燃油（K.Mk3型燃油系統）：22925英制加侖（104217升）

機內燃油（K.Mk4型燃油系統）：19425英制加侖（88306升）

性能

31000英尺（9450米）高最大巡航速度：581英里/小時（935千米/小時）

30000英尺（9145米）高度經濟巡航速度：426英里/小時（684千米/小時）

最大有效載荷時的航程：3898英里（6273千米）

海平面最大爬升率：3050英尺/分鐘（930米/分鐘）

實用升限：42000英尺（12800米）

最大起飛重量時爬升到35英尺（10.70米）的起飛距離：8300英尺（2530米）

正常著陸重量時的平穩著陸距離：7000英尺（2134米）

軟管加油裝置

VC-10飛機上安裝有兩種加油裝置。後部機身下面安裝有LTD Mk17B型軟管空中加油裝置，配置有總長為70英尺（21米）的軟管，每分鐘可輸送燃油4000磅（500英制加侖；2270升）。機翼外側下安裝有兩個FRL Mk32/2800型加油裝置吊艙，配置有48英寸（14.60米）長的軟管，每分鐘輸送燃油2800磅（350英制加侖；1591升）。利用中部加油軟管為一架大型飛機進行加油，或者是利用機翼加油吊艙為兩架戰鬥機進行加油時，正常的飛行速度在250～390英里/小時（400到630千米/小時）之間。Mk17B型與Mk32型軟管加油裝置（如右圖）裝備有信號燈，用於指示受油飛機與矯正位置。漏斗形加油軟管接頭上安裝有白燈以在夜間加油時提供可視信號。

VC-10K.MK3

主要部件剖面圖

1 飛機中部的空中加油軟管；

2 垂直尾翼油箱放油管；

3 油箱通風口與溢出口；

4 油量指示器；

5 垂直尾翼整體油箱；

VC-10K.Mk3型燃油系統

此VC-10K.Mk3型燃油系統圖詳細說明了該複雜的油箱燃油系統。與K.Mk2型燃油系統相比，K.Mk3型燃油系統擁有附加的垂直尾翼油箱，容量為22925英制加侖（合104217升）。

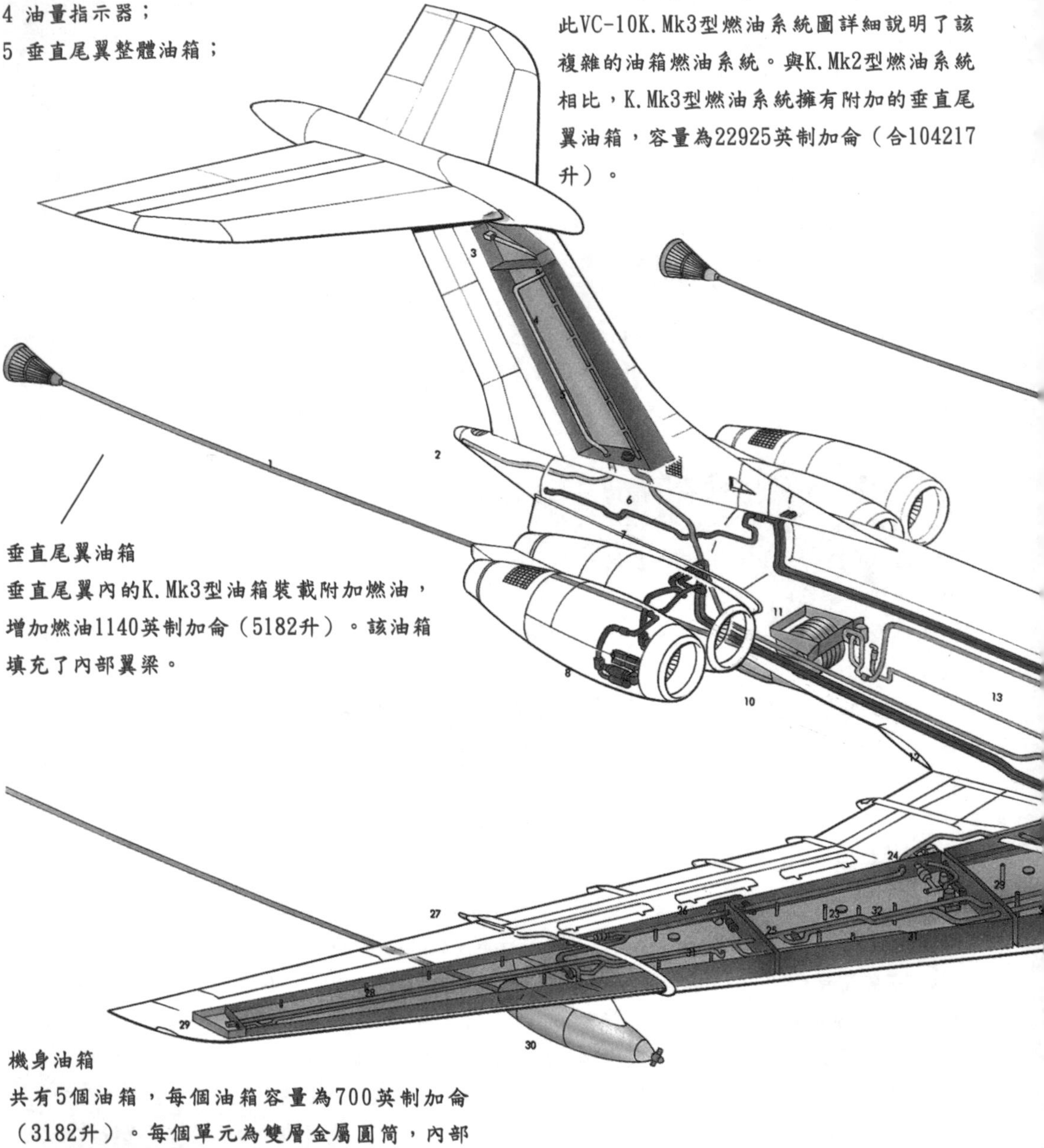

垂直尾翼油箱

垂直尾翼內的K.Mk3型油箱裝載附加燃油，增加燃油1140英制加侖（5182升）。該油箱填充了內部翼梁。

機身油箱

共有5個油箱，每個油箱容量為700英制加侖（3182升）。每個單元為雙層金屬圓筒，內部襯有柔軟的油袋；油箱安置在基底橫樑上，並由A號結構骨架固定。

6 垂直尾翼油箱的重力供油系統；
7 輔助動力裝置：供油管；
8 引擎油泵；
9 燃油控制單元；
10 軟管絞盤組整流罩；
11 飛機中部的軟管絞盤組；
12 引擎供油管；
13 軟管絞盤組燃油供油管；
14 翼尖縱向油箱通風口；
15 外側1號A機翼油箱；
16 Mk32型空中加油機翼吊艙
17 1號機翼油箱；
18 2號機翼油箱；
19 飛機中部油箱；
20 傳輸泵；
21 低壓旋閥；
22 傳輸泵；
23 上翼面加油口；
24 壓力加油連接管；左右各一；
25 機翼中部的4號油箱；
26 傳輸泵與油箱內部連接裝置；
27 放油裝置;
28 外側4號A機翼油箱；
29 左側翼尖縱向油箱通風口；
30 右側Mk32型空中加油吊艙；
31 油箱通風管；
32 油量指示裝置；
33 前部推進泵；
34 機身油箱單元（5個）；
35 油箱互連系統；
36 機身油箱通風管；
37 油量指示裝置；
38 空中加油軟管的供油管線；
39 飛行技師位置的空中加油控制面板；
40 固定式空中空中加油管。

機翼油箱

VC10型客機的原型機中，所有燃油都裝在6個機翼油箱中，油箱補安置在主翼梁中。這些油箱總容量為17925英制加侖（81480升）。

预警機
Electronic Warfare Aircraft

格魯曼公司，E-2「鷹眼」
Grumman E-2 Hawkeye

「鷹眼」的服役生涯已經超過了30年。在未來的20年中，「鷹眼」將依然是美國海軍艦載空中聯隊的基石。雖然外觀變化甚微，但飛機的系統經過多年升級改進，依然可以確保自己站在戰場的最前沿。作為美國海軍艦載機中的旗幟，E-2時刻警惕著任何覬覦美國艦隻和國土的力量。

1964年至今，「鷹眼」一直擔任保護美國海軍航母戰鬥群、引導其艦載機作戰的任務。我們在無數衝突中都能看到它的身影，在其同時代機型紛紛退役的背景下，「鷹眼」依然充滿活力。

為適應艦載機的不斷要求，「鷹眼」全面改進了機載設備，並根據自身定位增加了許多新功能，其中包括先進自動駕駛系統，使飛行軌道更精確；獨特的「只使用方向舵轉向」設計充分利用飛機的寬幅尾翼，可以在軌道中用來保持雷達水平。

E-2A的首支服役部隊是太平洋艦隊VAW-11中隊。1969年，首架E-2B改裝機試飛成功。E-2B裝備了「立頓」L-304數字任務計算機，相比E-2A有了

↓2006年7月份，一架E-2C「鷹眼」預警機進入「西奥多・羅斯福」號航母的飛行甲板。「鷹眼」預警機是美國海軍艦隊偵察。監視作戰中必不可少的組成部分。

重大提升。不久又出現了E-2C，人稱「鷹眼II」，主要升級了雷達測距系統。之後海軍的投產機都被稱作E-2C，但是近期的飛機與1973年11月在VAW-123中隊剛剛服役時的飛機相比，已經發生了很大改變。現在我們把當時那一批飛機稱作「基礎型」E-2C。

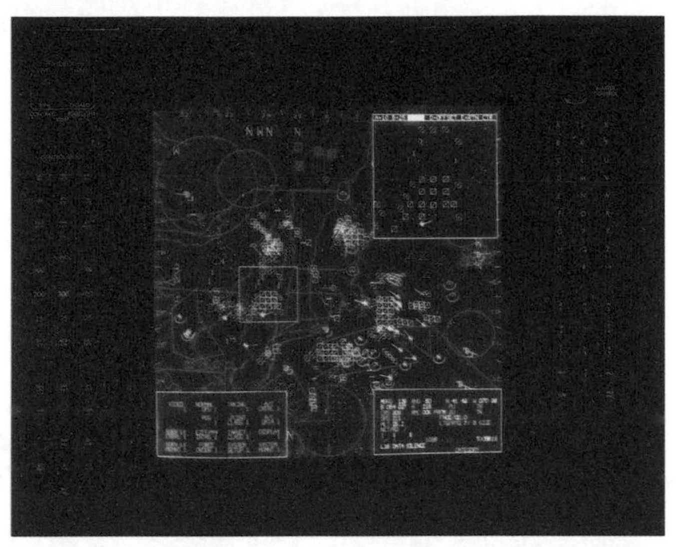

↑圖中所顯示的是「鷹眼」戰場監視軍官的戰術顯示器。這個11英寸（27.94厘米）的屏幕不僅可以顯示背景地圖，而且還可以用不同的顏色來表示那些引起雷達回波的物體的原點、狀態、矢量和意圖。

加長的新機頭和駕駛艙尾部大大的進氣管很容易讓人認出「基礎型」E-2C 。

「鷹眼」機組成員共有5人，包括兩名駕駛員和3名武器系統操作員。3名系統操作員佔據主艙，緊挨著面對左舷。隨著操作員控制臺的安裝，以及座椅和電子設備支架等。

在攻擊行動或是遠離基地和航母的巡防行動中，E-2C從基地起飛，無需加油可以飛行4小時，飛行半徑為300海里（345英里；555千米）；或者可以飛行1小時，飛行半徑為600海里（690英里；1111千米）。加油一次後，這些數據分別達到7小時和4小時。極限航程上，一小時的飛行任務加油一次後，飛行半徑可以達到1000海里（1151英里；1852千米）。在極限強度行動中，E-2C可以在不到15分鐘內完成轉彎和重新升空，包括更換空勤人員以及加油。

E-2C的生產是在新澤西州卡爾弗頓的格魯曼公司的一家工廠進行的。1994年，生產中止，在產的共有139架飛機。

在海外，「鷹眼」已經裝備了多個國家。「鷹眼」在日本、新加坡、埃及、中國臺灣和法國依然服役。

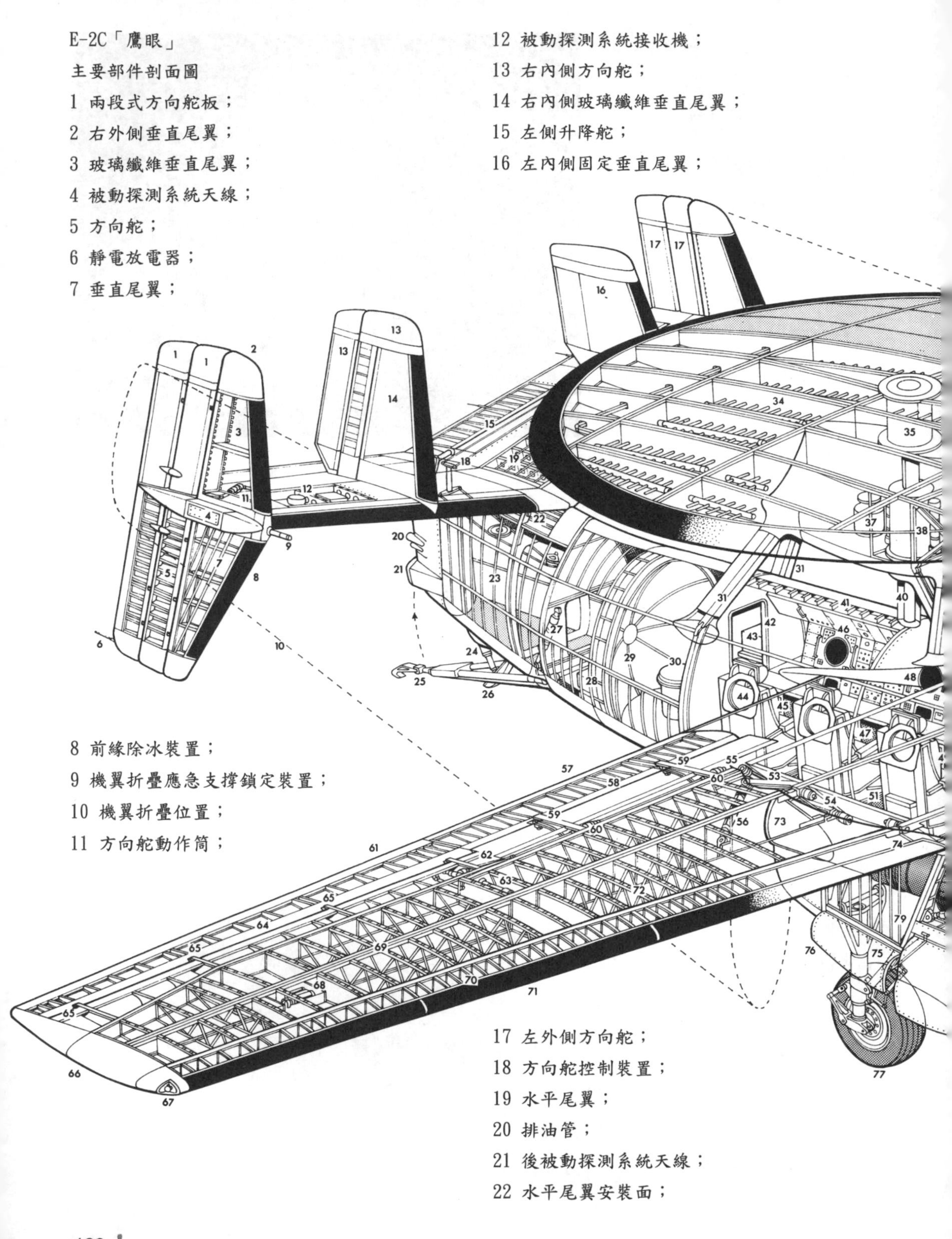

E-2C「鷹眼」

主要部件剖面圖

1 兩段式方向舵板；
2 右外側垂直尾翼；
3 玻璃纖維垂直尾翼；
4 被動探測系統天線；
5 方向舵；
6 靜電放電器；
7 垂直尾翼；
8 前緣除冰裝置；
9 機翼折疊應急支撐鎖定裝置；
10 機翼折疊位置；
11 方向舵動作筒；
12 被動探測系統接收機；
13 右內側方向舵；
14 右內側玻璃纖維垂直尾翼；
15 左側升降舵；
16 左內側固定垂直尾翼；
17 左外側方向舵；
18 方向舵控制裝置；
19 水平尾翼；
20 排油管；
21 後被動探測系統天線；
22 水平尾翼安裝面；

23 後機身；
24 尾撬動作筒；
25 甲板降落攔阻鉤；
26 尾撬；
27 甲板降落攔阻鉤動作筒；
28 下被動探測系統接收機和天線；
29 圓弧型後密封艙壁；
30 衛生間；
31 旋轉雷達罩安裝支柱；
32 旋轉雷達天線罩；
33 天線罩除冰裝置；
34 特高頻天線陣，AN/APS-125設備；
35 樞軸承盒；
36 敵我識別天線；
37 雷達罩旋轉馬達；
38 液壓升降動作筒；
39 前安裝支柱；

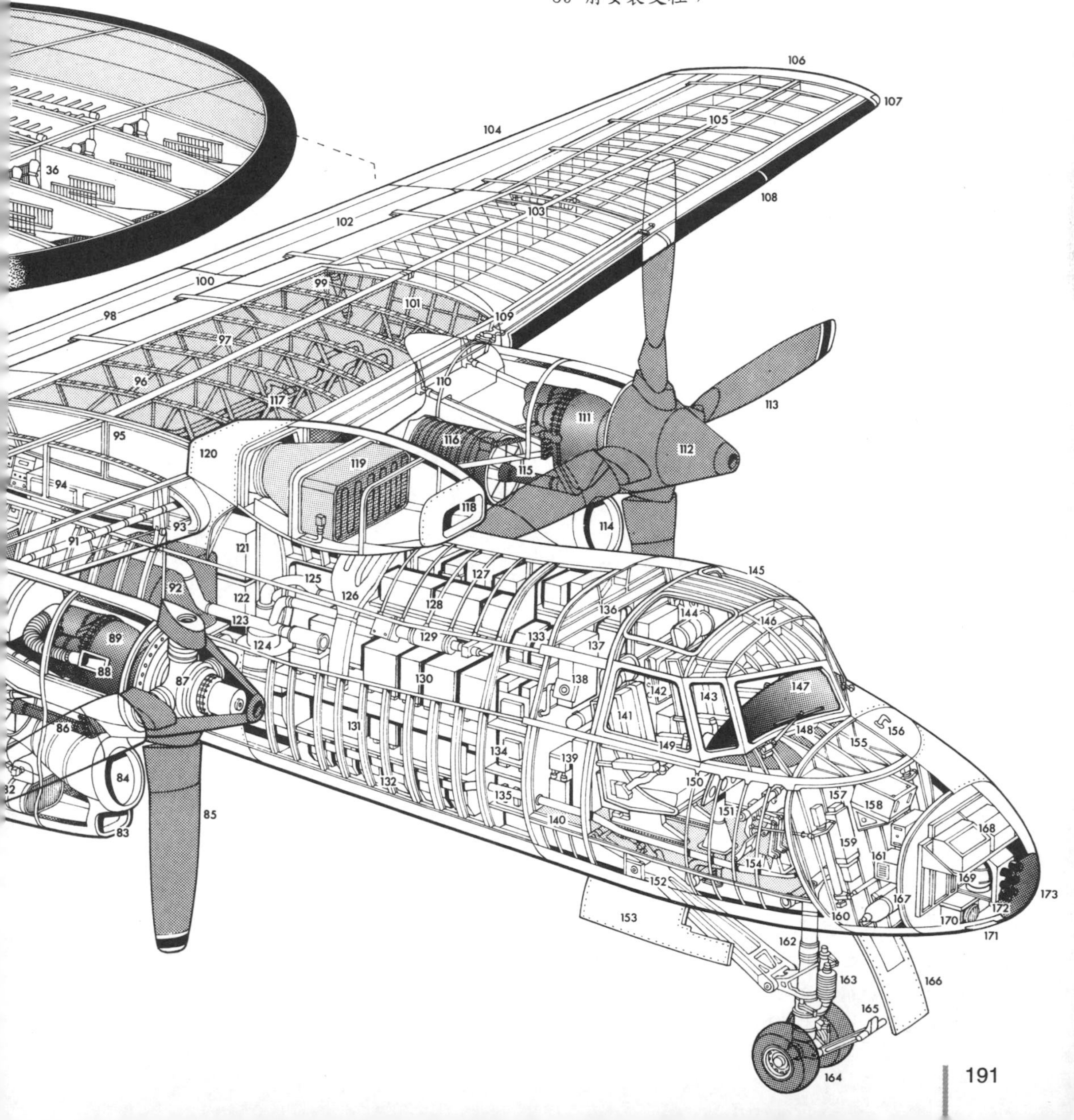

40 雷達傳輸線；
41 機身構架；
42 盥洗室隔艙門；
43 天線耦合器；
44 後機艙窗戶；
45 空中管制員座椅；
46 雷達和儀錶板；
47 戰鬥情報官座椅；
48 戰鬥情報雷達面板；
49 雷達操作員；
50 雷達面板和儀錶；
51 旋轉座椅支架；
52 機翼後固定裝置；
53 機翼折疊分割點；
54 翼梁鎖定機械裝置；
55 機翼折疊鉸接動作筒；
56 機翼折疊液壓動作筒；
57 右外側襟翼；
58 襟翼；
59 襟翼導軌；
60 機翼驅動馬達和軸；
61 右側下垂副翼；
62 襟翼下垂副翼連接裝置；
63 副翼動作筒；
64 副翼；
65 副翼鉸接裝置；
66 右側翼尖；
67 航行燈；
68 應急支撐鎖定裝置；
69 外側機翼；
70 前緣；
71 前緣除冰裝置；
72 網格式翼肋；
73 引擎排氣管整流罩；
74 前翼梁鎖定機械裝置；
75 主起落架；
76 起落架支柱艙門；
77 單主輪；
78 主輪艙門；
79 引擎吊架；
80 引擎安裝支柱；
81 埃利遜公司T56-A-425型引擎；
82 滑油冷卻器；
83 滑油冷卻器進氣口；
84 引擎進氣口；
85 漢密爾頓標準4葉式螺旋槳；
86 齒輪箱驅動軸；
87 螺旋槳機械裝置；
88 冷卻空氣進口；
89 引擎-螺旋槳齒輪箱；
90 滑油箱，每個單元9.25美制加侖（35升）；
91 排氣管；
92 蒸汽循環空調裝置；
93 機翼前固定裝置；
94 計算機台位；
95 機翼中段翼肋連接裝置；
96 內側機翼燃油箱，每側912美制加侖（3452升）；
97 網格式翼肋；
98 左內側襟翼；
99 機翼折疊連接裝置；
100 機翼折疊連接線；
101 傾斜鉸接翼肋；
102 左外側襟翼；
103 副翼動作筒；
104 左側副翼；
105 左外側機翼；
106 左側翼尖；
107 航行燈；
108 前緣除冰裝置；
109 副翼控制鋼纜機械裝置；
110 引擎安裝支柱；
111 引擎-螺旋槳齒輪箱；
112 螺旋槳槳轂整流罩；
113 漢密爾頓標準4葉式螺旋槳；
114 引擎進氣道；

115 齒輪箱驅動軸；
116 左側引擎；
117 燃油系統管道；
118 冷卻空氣進氣口；
119 蒸汽循環系統散熱器；
120 冷卻空氣出口；
121 雷達信息處理器；
122 敵我識別信息處理器；
123 雷達傳輸線；
124 測距放大器；
125 左側登機通道；
126 設備冷卻進氣口；
127 左側設備架；
128 右側無線電和電子設備架；
129 雷達天線收發轉換開關；
130 電子設備盒；
131 前機身框架；
132 下電子設備架；
133 擾頻器盒；
134 導航設備；
135 座艙空調送風管；
136 座艙通道；
137 電氣系統連接盒；
138 空調出風口；
139 信號設備；
140 座艙地板；
141 副駕駛座椅；
142 降落傘儲藏間；
143 飛行員座椅；
144 頭枕；
145 座艙頂窗；
146 座艙頂；
147 儀錶板遮蓋罩；
148 風擋雨刷；
149 突出式座艙側窗；
150 儀錶板；
151 控制杆；
152 前起落架支柱；
153 前起落架艙門；
154 方向舵踏板；
155 機頭；
156 空速管；
157 傾斜前艙壁；
158 導航代碼盒；
159 前電氣設備連接盒；
160 方向舵踏板連接裝置；
161 風擋加熱裝置；
162 前起落架支柱；
163 方向控制裝置；
164 雙前輪；
165 彈射索連接臂；
166 前起落架艙門；
167 前輪應急充氣瓶；
168 機頭被動探測系統接收機；
169 氧氣瓶；
170 著陸燈；
171 著陸和滑行燈窗口；
172 機頭被動探測系統天線；
173 機頭天線整流罩。

↓E-2預警機採用的雷達都是依據同一個基礎設計改進的。在這長長的雷達系列中，APS-145是其中的最新款。該雷達的掃描包線達到300萬立方英里，同時還可以做出海面艦隻位置的地圖；由於新的雷達系統實現了遠距自動目標跟蹤和高速處理的一體化，可對2000個目標進行跟蹤，並控制40個空中截擊任務。

→三名系統操作員佔據了「鷹眼」的主艙。最前面的是戰鬥信息中心指揮官（CICO），其任務是指導駕駛員當前行動的飛行高度和飛行方向。

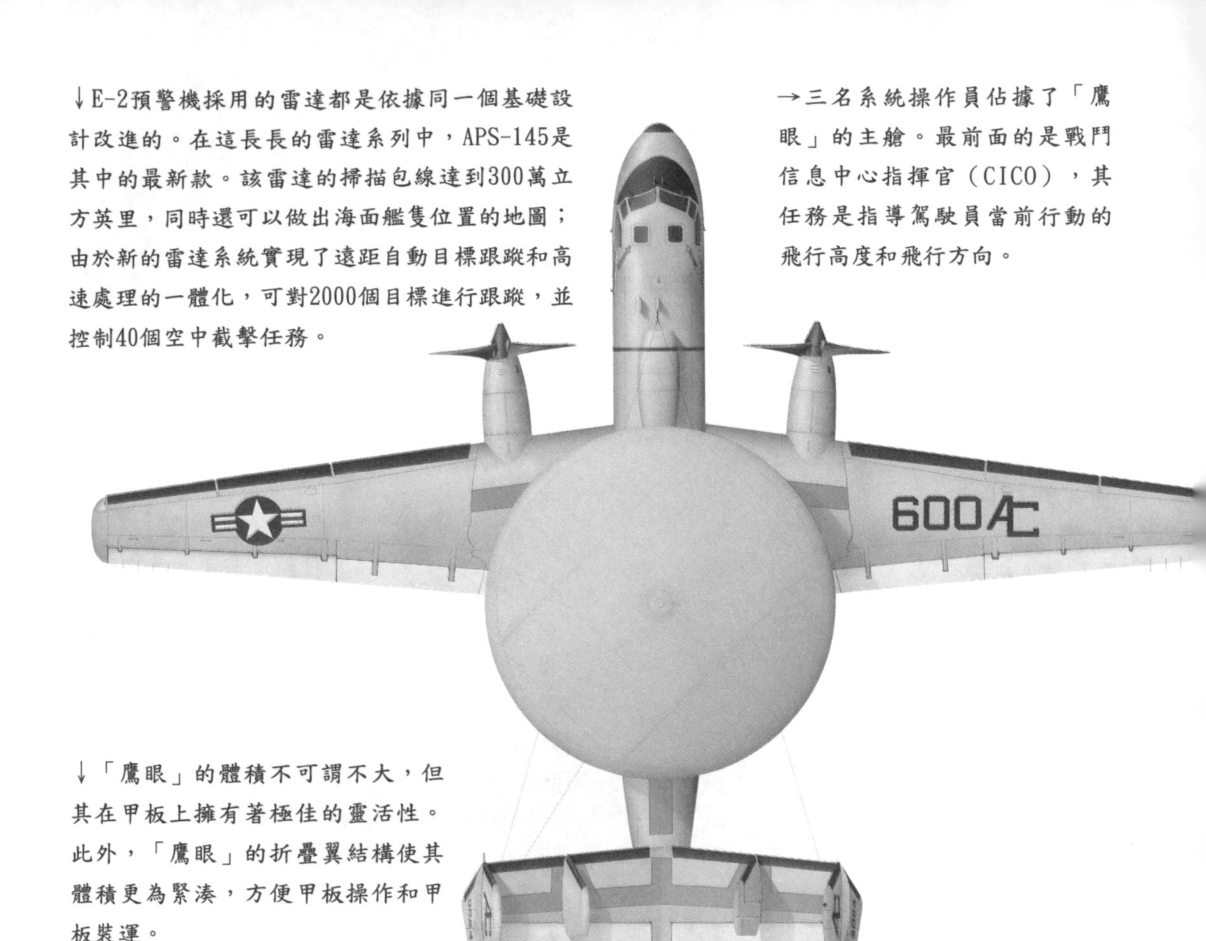

↓「鷹眼」的體積不可謂不大，但其在甲板上擁有著極佳的靈活性。此外，「鷹眼」的折疊翼結構使其體積更為緊湊，方便甲板操作和甲板裝運。

E-2C「鷹眼」技術說明

主要尺寸
長度：57英尺6.75英寸（17.54米）
高度：18英尺3.75英寸（5.58米）
翼展：80英尺7英寸（24.56米）
機翼，折疊寬度：29英尺4英寸（8.94米）
機翼展弦比：9.3
機翼面積：700.00英尺^2（65.03米^2）
水平尾翼翼展：26英尺2.5英寸（7.99米）
輪距：19英尺5.75英寸（5.93米）
輪軸距：23英尺2英寸（7.06米）
動力裝置
兩台埃利遜公司T56-A-425型渦輪螺旋槳引擎，單台功率4910有效馬力（3661千瓦）
重量與燃油
空重：38063磅（17265千克）
最大起飛重量：51933磅（23556千克）
機內燃油：12400磅（5624千克）
性能
最大平飛速度：323節（372英里/時；598千米/時）
在適宜高度的巡航速度：311節（358英里/時；576千米/時）
在適宜高度的轉場巡航速度：268節（308英里/時；496千米/時）
轉場航程：1394海里（1605英里；2583千米）
作戰半徑：175海里（200英里；320千米），做3～4小時巡邏
最大燃油續航時間：6小時6分鐘
海平面最大爬升率：2515英尺（767米）/分
實用升限：30800英尺（9390米）
最短起飛滑跑距離：2000英尺（610米）

USAF

波音公司，E-3「哨兵」

Boeing E-3 Sentry

波音公司研製的E-3「哨兵」預警機具備空中預警、控制和通信功能，已經成為西方國家軍隊在現代戰場上的主要空戰管理手段。該機型研製於20世紀60年代，在美國空軍服役以來，與前任機型相比，E-3「哨兵」代表著巨大的飛躍。

E-3「哨兵」空中預警機以波音公司707-320民航客機為基礎，增加了大量的雷達和電子傳感器建造而成，可作為指揮、控制、通訊和情報中心使用。E-3空中預警機經常被派遣到各個戰區監測戰機和導彈，並引導友軍戰機。從服役的第一天起，E-3「哨兵」預警機就一次次地證明了其對於美國空軍和北約防禦系統的無可比擬的價值。從追蹤並定位敵方入侵者，到引導友軍戰機攔截目標，E-3可謂無所不能。

美軍所有服役的E-3「哨兵」預警機均隸屬於空中作戰司令部駐俄克拉荷馬州廷克基地的第552空中控制聯隊。該聯隊還負責向太平洋空軍部門派遣飛機，下轄第963、964、965、966空中管制中隊。其中，第966空中管制中隊負責E-3「哨兵」機組成員的培訓工作，還有2架TC-18E（前707民航客機改裝）用作培訓使用。作為「合作項目」的一部分，空軍預備役司令部控制著第513空中控制大隊的第970空中管理中隊，為E-3「哨兵」預警機提供機組人員，但本身並不「擁有」該預警機。

太平洋空軍司令部下轄兩個E-3「哨兵」預警機中隊。第5航空隊的第961空中管制中隊基地位於沖繩嘉手納。在阿拉斯加州埃爾門多夫空軍基地，駐紮的是第962空中管制中隊。在中東戰爭中，美軍中央司令部負責派遣E-3執行「南方守望」行動。第4405空中指揮控制預警機中隊隸屬於第4404聯隊（暫時），總部位於沙特阿拉伯阿爾卡吉的沙特王子基地，下轄從第552空中控制聯隊租借的E-3B空中預警機。

←作為北約空中早期預警部隊的英國組成部分，英國皇家空軍的E-3D型預警機裝備有空中加油管，可以接受皇家空軍VC10型和「三星」空中加油機的空中加油服務。

↑1999年，為了紀念北約成立50周年，LX-N-90442號NE-3A型預警機被換上了特殊的塗裝。在飛機的一側繪有北約19個成員國的國旗圖案。

「哨兵」AEW. Mk1（E－3D）技術說明

主要尺寸

長度：152英尺11英寸（46.61米）

翼展：147英尺7英寸（44.98米）

翼展（E-3A/B/C）：145英尺9英寸（44.42米）

機翼面積：3050英尺^2（283.35米^2）

高度：41英尺9英寸（12.73米）

動力裝置

4台CFM56-2A-3型渦輪風扇引擎，單台推力（起飛時）24000磅（106.8千牛）；（最大持續動力輸出）23405磅（104.1千牛）

E－3A／B／C：4台普拉特・惠特尼公司TF33-P-100/A型渦輪風扇引擎，單台推力21 000磅（93.41千牛）

重量

正常起飛重量：325 000磅（147 417千克）

最大起飛重量：332 500磅（150 820千克）

最大滑跑重量：335 000磅（151 953千克）

燃油

燃油總重量：155 448磅（70 510千克）

性能

作戰高度最大平飛速度：460節（530英里/時；853千米/時）

實用升限：超過35 000英尺

最大不加油航程：超過5 000海里（5 758英里；9266千米）

作戰半徑：870海里（1 000英里；1 610千米），在規定陣位停留6小時

不加油續航力：超過11小時

居住艙室

飛行員：4人

任務乘員和操作員：17人

波音，E-3C/D「哨兵」（機載預警與控制系統）主要部件剖面圖

1 固定空中加油管（在裝備於英國和法國的型號）；
2 加油燈；
3 空中加油管支架；
4 駕駛艙，兩名飛行員，一名導航員和一名飛行機械師；
5 前「直視」電子支援測量系統天線，美國空軍和北約飛機已經更新；
6 前登機門；
7 前盥洗室；
8 安全設備櫃；
9 帶有聯合戰術情報分發系統的通訊設備控制臺；
10 通信設備架；
11 側面「直視」天線，左右側；
12 地板下基本航空電子設備架；
13 跳傘導槽；
14 計算機設備架；
15 通信技師工作臺；
16 數據顯示控制器；
17 上層地板電力分配中心；
18 操作員工作臺（14個）；
19 GPS天線；
20 帶有自動救生筏的逃生出口；
21 右側機翼上逃生出口，左右側；
22 CFM56-2A-3型引擎，裝備英國、法國和沙特阿拉伯空軍相應型號；而美國及北約相應型號則裝備普拉特・惠特尼公司TF33-P-100/A型引擎；
23 翼尖勞拉公司10171型（「黃門」）電子支援測量系統吊艙，只裝備英國空軍相應型號；
24 高頻天線；
25 雷達天線罩，每分鐘6圈；
26 敵我識別天線；
27 戰術數據情報線路"C"天線；
28 雷達冷卻進氣口；
29 天線輔助設備；
30 威斯丁豪斯公司APY-2型天線；
31 雷達維護台；
32 雷達接收和數據處理設備架；
33 額外和換班空勤人員座椅；
34 聯合戰術情報分發系統終端；
35 地板下雷達設備艙，調整器、濾波器、脈衝發生器和電子速調管；
36 雷達冷卻系統熱交換器衝壓進氣口；
37 輔助動力設備艙；
38 電子支援測量系統設備架；
39 換班空勤人員座椅；
40 鋪位，左右各一；
41 服務間門；
42 廚房；
43 後登機門；
44 機尾隔間，左右側；
45 後「直視」電子支援測量系統天線。

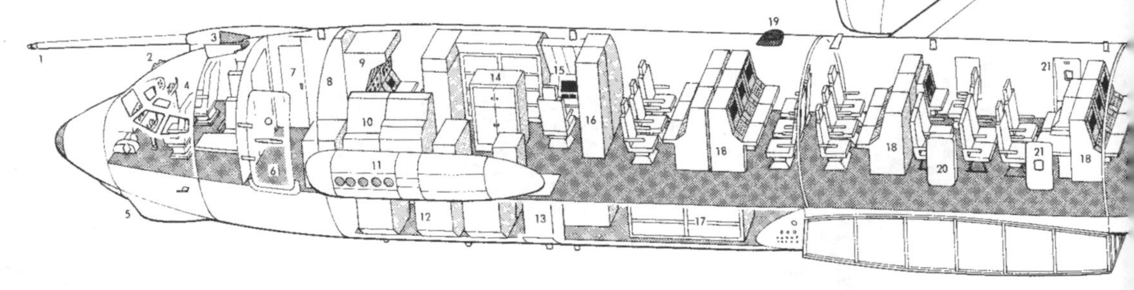

波音 E-767

1991年12月，波音公司對外公佈了一種以波音767-200ER為基礎發展而來的空中預警機方案，這種新型預警機將安裝諾斯魯普·格魯曼公司的AN/APY-2型雷達。日本立即對這一方案產生了興趣。日本航空自衛隊在1993年訂購了兩架該型預警機。第二年，日本航空自衛隊又訂購了兩架這種飛機。1998年3月，先期訂購的兩架飛機交付使用。這種飛機有兩名飛行員和19名任務乘員。任務乘員的數量可以根據任務的不同有所增減。然而這種飛機的基礎結構還需要進行進一步的改裝，比如，需要加裝兩個額外的艙壁；為了很好地承載安裝在雷達罩中的旋轉雷達，必須對地板的桁條進行加固。這種飛機所能提供的地板面積是波音E-3型機的2倍，而其內部容積則是後者的3倍。作戰時，這4架飛機將被部署在賓松空軍基地。

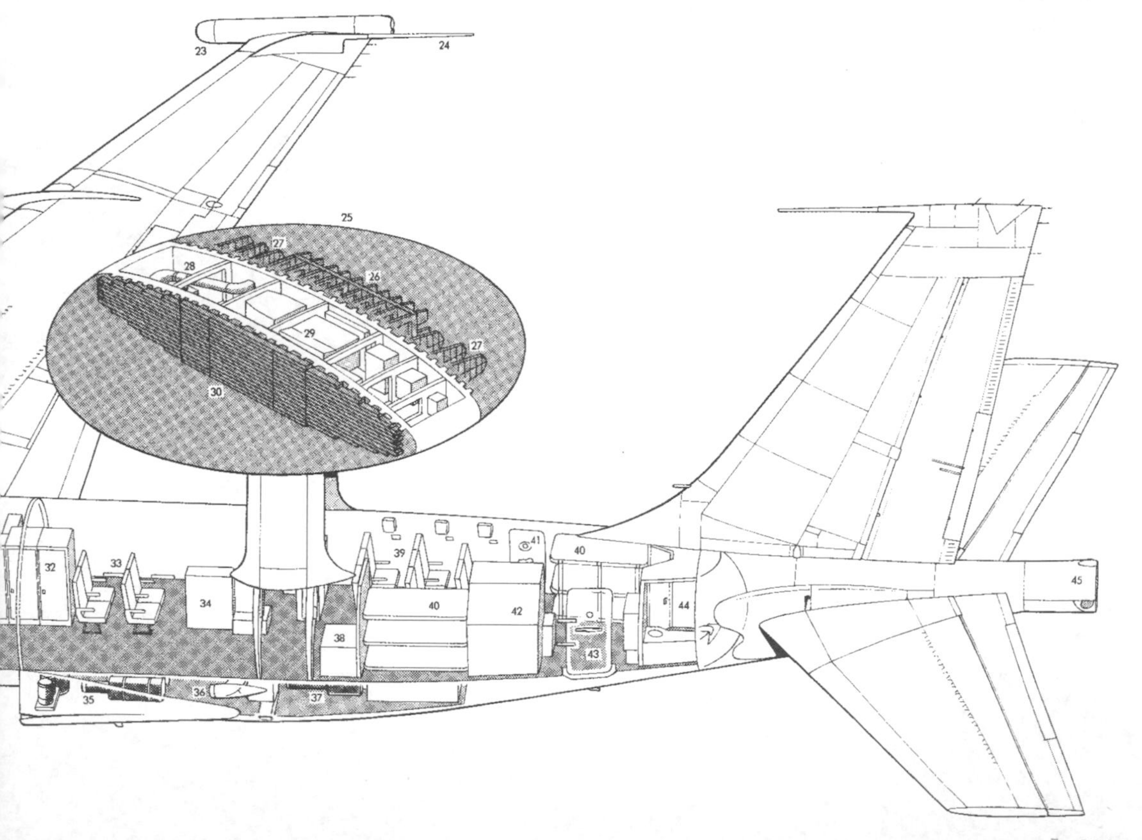

電子戰機
Electronic Warfare Aircraft

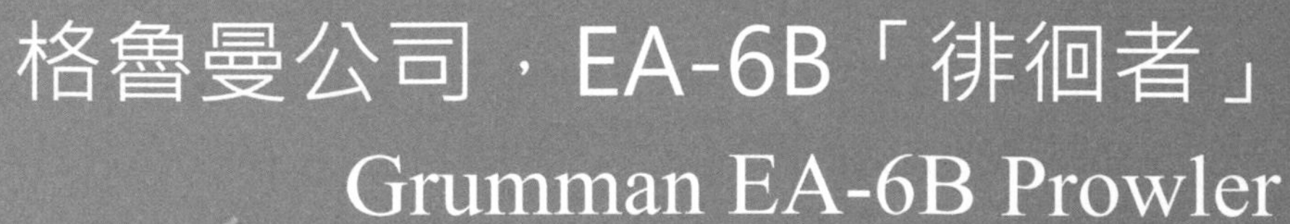

格魯曼公司，EA-6B「徘徊者」
Grumman EA-6B Prowler

飛行速度500節的雙發EA-6B「徘徊者」電子對抗機是諾斯羅普・格魯曼公司在A-6的基礎上改進的產品，「徘徊者」作戰需要一名飛行員和三名操作員，外加神秘高效的「黑箱」，旨在干擾敵人的雷達，使友軍飛機能夠安全地實施進攻。可通過干擾敵方雷達、電子數據鏈和通信設備保護航母艦載機、地面部隊和水面艦艇。「徘徊者」自1968年5月開始服役，發展至今日已經成為遠程全天候電子戰飛機，機組成員包括1名飛行員、3名電子對抗軍官。此機型發展過程中，主要經過了兩次比較重大的升級，即ICAP III型性能改進系統和MIDS多功能信息分發系統。ICAP III設備有先進的自適應干擾和地理定位能力，多功能信息分發系統可以通過Link16戰術數據鏈獲取和利用數據。除了可以作戰區域獲取戰術性電子情報外，「徘徊者」還裝備了「哈姆」反輻射導彈。

↓EA-6B能夠取得成功的關鍵就在於它的干擾系統。另外，EA-6B能夠生存下來而EF-111A卻被淘汰的原因之一就是它擁有一個4人組成的機組。EA-6B的機組由3名專職電子戰軍官和一名飛行員組成，這使得EA-6B所能夠完成的任務比與之相類似的機型要多得多。圖中，地勤人員正在為一架第137戰術電子戰中隊的飛機從「美國」號航空母艦上起飛執行任務而進行維護工作。

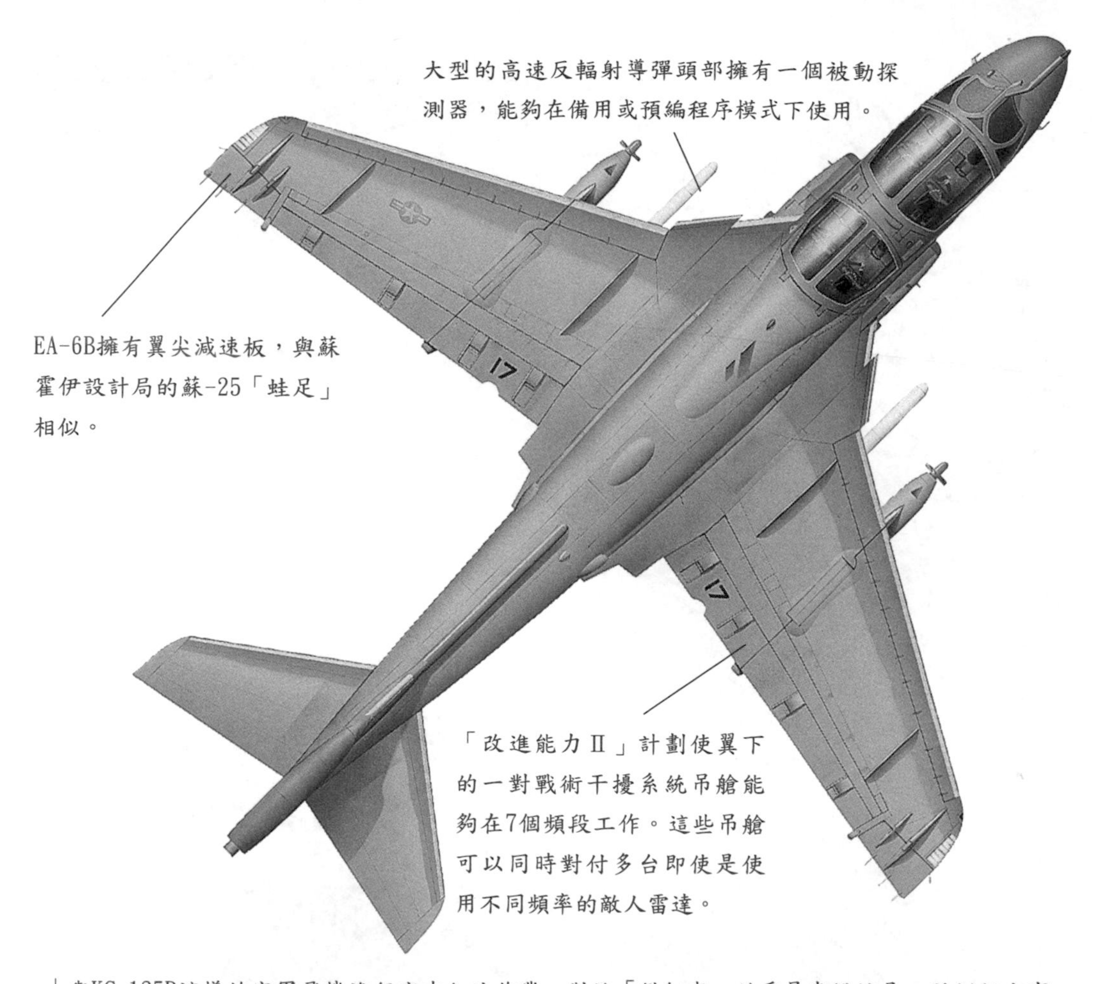

↓與KC-135R這樣的空軍飛機進行空中加油作業，對於「徘徊者」的乘員來說就是一種例行公事。然而，他們現在必須適應這種全新的協同作戰的時代。

↑「徘徊者」停在甲板上時，系統從不開機，因為這些系統發射能量中的微波足以輻射到任何經過的人。

↑EA-6A的干擾系統是世界上最先進的。這種飛機只需少數幾架，就能利用機上強大的電子系統，對相當於法國面積大小的區域實施「電子管制」。

↑EA-6B重量大，為了達到飛行所需的速度，利用彈射器尤為重要。如果由於某個原因彈射失敗，四名機組成員能在飛機掠過甲板的一刻迅速彈射出飛機。

↑EA-6將機翼折疊起來時，體形很窄。在固定翼根下有一個大型的戰術干擾系統吊艙，裏面裝有一個高功率噪聲製造和一個跟蹤接收器。使用的電能來自吊艙頭部的一台風力發電機。

→「徘徊者」是第一次海灣戰爭的既參與者，協助摧毀伊拉克防空系統。

↑1990年，EA-6B這種高級性能機型開始使用。這種飛機裝備了一個用於精確導航的全球定位套件以及箔條彈、紅外曳光彈散裝置和自衛干擾系統。

↓「徘徊機」是美國海軍中最昂貴的飛機之一。考慮到EA-6B的服役期以及使用中儘量加以保護減少戰損，其昂貴的造價是值得的。

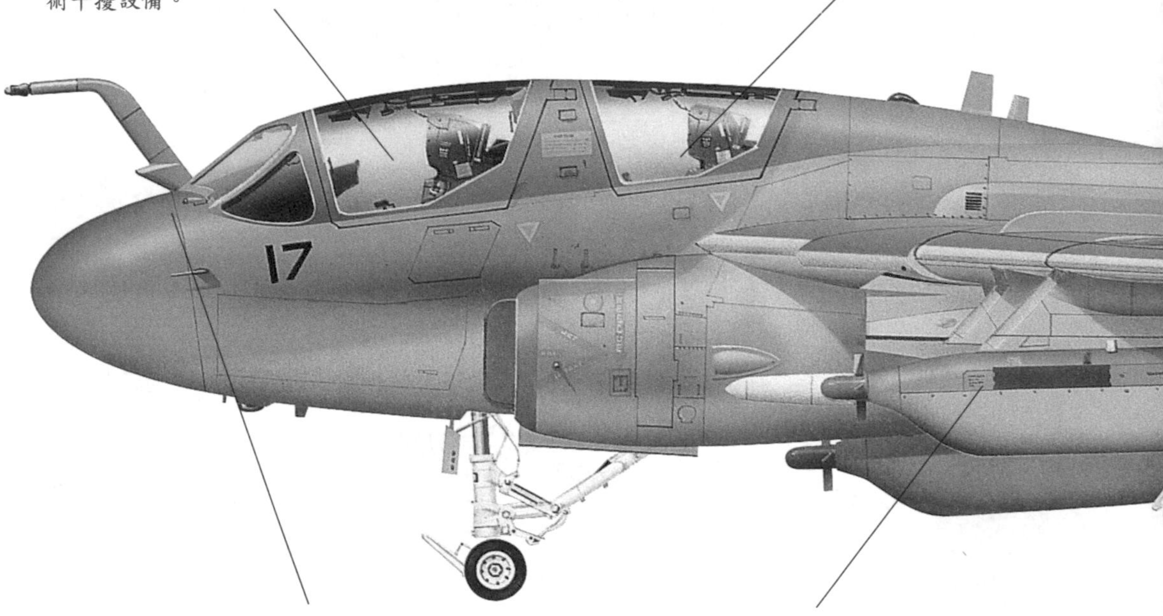

一名飛行員坐在前左舷座艙內，周圍是三名電子對抗操作員（ECMO），其中一名坐在飛行員旁操縱導航、雷達和通信設備，另兩名操作成套的戰術干擾設備。

第二名電子對抗軍官操作用於地形測繪的諾登公司產APS-130雷達系統， A-6E上使用的含攻擊功能的APQ-156是舊版系統，已經被刪除。

垂直尾翼頂部的大艙內安裝有系統一體化接收機，用於探測敵人雷達發射信號，並將接收到的信號傳送至一台中央計算機接受威脅分析。

一個欺騙型干擾組件能夠進行自衛干擾，誘導敵人的雷達制導導彈。加油導管旁邊是這一設備的天線。

←2004年5月19日，第139電子戰中隊的一架EA-6B「徘徊者」電子對抗機飛過華盛頓威德貝島的海軍航空站上空。「徘徊者」的主要任務是通過干擾敵方雷達和通信系統保護己方軍艦和飛機。

→這架EA-6B「改進能力II」「徘徊者」戰術電子戰飛機。

翼尖小翼上的尾部圓柱形小艙是一個ALQ-136欺騙對抗系統，被機組人員稱為「啤酒罐」。

「徘徊者」能夠攜帶6995千克（15390磅）的內部燃料，外加翼下油箱中的4547千克（10000磅）。

「徘徊者」擁有翼尖阻流板，用於主要的平衡控制，在低速時有襟副翼協助。這些大型襟翼幾乎是全翼展的，機翼上表面在低速飛行時能夠吹氣以增加升力。

一個大型的航空電子設備貨盤和幾個燃料箱佔據了發動機後的機身空間。這種J52渦輪噴氣發動機也用於麥克唐納·道格拉斯公司的A-4「天鷹」。

EA-6B「徘徊者」

主要部件剖面圖

1 空中加油管；

2 雷達罩，向上打開；

3 APQ-92型雷達天線；

4 空速管，左右側；

5 「塔康」天線；

6 L波段敵我識別天線；

7 前航空電子設備艙；

8 方向舵踏板；

9 飛行員雷達俯視顯示器；

10 控制杆；

11 儀錶板遮蓋罩；

12 空中加油管聚光燈；

13 風擋雨水吹除空氣噴嘴；

14 向上打開的座艙罩；

15 第1電子對抗軍官彈射座椅；

16 飛行員馬丁・貝克GRUAE-7型彈射座椅；

17 引擎油門手柄；

18 向下打開的登機梯；

19 附面層分隔板；

20 安裝在前輪艙門上的著陸進場燈；

21 左側引擎進氣道；

22 溫度探測器；

23 座艙蓋緊急拋棄手柄；

24 鉸接式登機梯；

25 前起落架，收起位置；

26 液壓回收動作筒；

27 電子對抗軍官顯示器，控制臺；

28 前座艙蓋制動器；

29 戰術干擾系統吊艙；

30 後艙向上打開的座艙蓋；

31 第2電子對抗軍官彈射座椅；

32 後艙蓋制動器；
33 第3電子對抗軍官彈射座椅；
34 前緣失速告警震動條；
35 備用液壓泵和選擇開關；
36 齒輪箱冷卻進氣口；
37 引擎附屬設備齒輪箱；
38 普拉特・惠特尼公司J52-P-408型渦輪噴氣引擎；
39 前緣罩板；
40 前電子對抗發射天線；
41 主起落架收起位置；
42 液壓油箱；
43 中央電氣和航空電子設備艙；
44 防撞燈；
45 右側機翼內側整體油箱；
46 內側機翼擾流片；

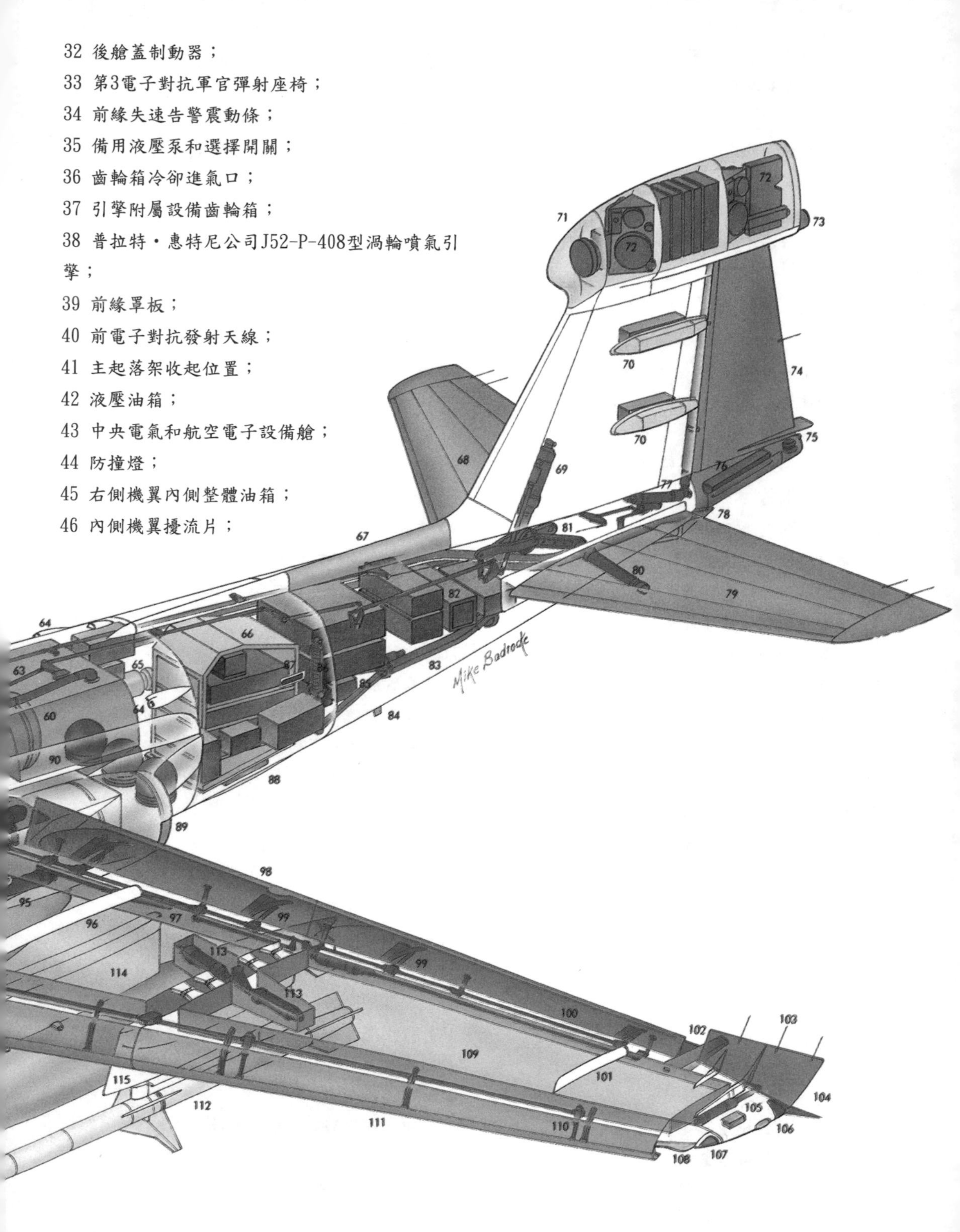

47 機翼折疊液壓動作筒；
48 機翼折疊鉸接部件；
49 前緣縫翼；
50 外側整體油箱；
51 外側機翼擾流片　；
52 雷達告警天線；
53 右側航行燈；
54 編隊燈；
55 分離式後緣減速板；
56 排油管；
57 左側富勒式襟翼；
58 左側擾流板升降裝置；
59 特高頻/「塔康」天線；
60 機身燃油箱；
61 燃油收集器；
62 自動測向天線；
63 飛行控制系統機械連杆；
64 航空電子設備冷卻進氣口；
65 冷卻系統空氣循環裝置；
66 向下打開的航空電子設備盤；
67 高頻天線；
68 右側全動式水平尾翼；
69 水平尾翼液壓制動器；
70 第1、第2波段發射天線；
71 垂直尾翼頂部天線罩；
72 自保護通信干擾設備接收/發射機；
73 雷達告警天線；
74 方向舵；
75 機尾航行燈；
76 雷達告警接收機處理器；
77 方向舵液壓制動器；
78 機身燃油箱排油管；
79 左側全動水平尾翼；
80 水平尾翼軸承；
81 水平尾翼鉸接控制裝置；
82 電子對抗設備吊艙；
83 甲板降落攔阻鉤；
84 下方特高頻天線；
85 干擾物/閃光彈施放裝置；
86 甲板降落攔阻鉤制動器/緩衝器；
87 編隊燈；
88 機腹多普勒天線；
89 引擎噴管；
90 液氧瓶；
91 應急衝壓空氣渦輪；
92 中央襟翼驅動馬達和齒輪箱；
93 機翼中段整體燃油箱；
94 主起落架支柱；
95 液壓回收動作筒；
96 左側內側機翼擾流板；
97 擾流板液壓制動器；
98 左側單縫襟翼；
99 襟翼調整動作筒和導軌；
100 左側擾流板升降裝置；
101 外側翼刀；
102 排油管；
103 靜電放電器；
104 左側分離式後緣減速板；
105 減速板液壓動作筒；
106 編隊燈；
107 左側航行燈；
108 雷達告警天線；
109 機翼外側整體油箱；
110 縫翼調整動作筒和導軌；
111 左側前緣縫翼；
112 AGM-88A「哈姆」反雷達導彈；
113 機翼折疊液壓動作筒；
114 內側整體油箱；
115 機翼下掛架；
116 副油箱；
117 中心線下戰術干擾設備吊艙。

EA－6B「徘徊者」技術說明

主要尺寸
長度：59英尺10英寸（18.24米）
翼展：53英尺（16.15米）
翼展（折疊狀態）：25英尺10英寸（7.87米）
機翼展弦比：5.31
高度：16英尺3英寸（4.95米）
水平尾翼翼展：20英尺4.5英寸（6.21米）
輪矩：10英尺10.5英寸（3.32米）
輪軸矩：17英尺2英寸（5.23米）
動力裝置
兩台普拉特・惠特尼公司J52-P-408型渦輪噴氣引擎，單台推力11200磅（49.80千牛）
重量
空重：31572磅（14321千克）
正常起飛重量（整裝）：54641磅（24703千克）
正常起飛重量（整裝），帶最大燃油：60610磅（27493千克）
最大起飛重量：65000磅（29484千克）
燃油
機內燃油：15422磅（6995千克）
外掛燃油：5個400美制加侖（1514升）副油箱，10025磅（4547千克）
性能
最大速度：710節（817英里/時；1315千米/時）
海平面最大淨平飛速度：566節（651英里/時；1048千米/時）
海平面最大平飛速度（帶5個電子干擾吊艙）：530節（610英里/時；982千米/時）
最適宜高度巡航速度：418節（481英里/時；774千米/時）
海平面最大淨爬升率：12900英尺（3932米）/分
海平面最大淨爬升率（帶5個電子干擾吊艙）：10030英尺（3057米）/分
淨實用升限：41200英尺（12550米）
實用升限（帶5個電子干擾吊艙）：38000英尺（11580米）
起飛滑跑（帶5個電子干擾吊艙）：2670英尺（814米）
滑跑距離（50英尺/15米）（帶5個電子干擾吊艙）：3495英尺（1065米）
最大著陸重量50英尺（15米）著陸滑跑距離：2700英尺（823米）
著陸滑跑距離（帶5個電子干擾吊艙）：2150英尺（655米）
轉場航程：保留空副油箱，2085海里（2399英里；3861千米）
航程：攜帶最大外部載荷，955海里（1099英里；1769千米）